舒适小家

美式风格小户型
搭配秘籍

庄新

机械工业出版社
CHINA MACHINE PRESS

本书汇集了数百幅小户型家庭装修案例图片,从传统的古典美式到自然的乡村美式、田园美式再到简约的现代美式,充分展现了美式风格独特的魅力。全书共有六章,包括了客厅、餐厅、卧室、书房、厨房、卫生间六大主要生活空间,分别从居室的布局规划、色彩搭配、材料应用、家具配饰、收纳规划五个方面来阐述小户型的搭配秘诀。本书以图文搭配的方式,不仅对案例进行多角度的展示与解析,还对图中的亮点设计进行标注,使本书更具有参考性和实用性。本书适合室内设计师、普通装修业主以及广大家居搭配爱好者参考阅读。

图书在版编目(CIP)数据

舒适小家. 美式风格小户型搭配秘籍 / 庄新燕等编
著. — 北京:机械工业出版社,2020.12
(渐入"家"境)
ISBN 978-7-111-66888-6

Ⅰ.①舒⋯ Ⅱ.①庄⋯ Ⅲ.①住宅-室内装饰设计
Ⅳ.①TU241

中国版本图书馆CIP数据核字(2020)第219751号

机械工业出版社(北京市百万庄大街22号 邮政编码 100037)
策划编辑:宋晓磊   责任编辑:宋晓磊 李宣敏
责任校对:刘时光   封面设计:鞠 杨
责任印制:孙 炜
北京利丰雅高长城印刷有限公司印刷

2021年1月第1版第1次印刷
148mm×210mm · 6印张 · 178千字
标准书号:ISBN 978-7-111-66888-6
定价:39.00元

电话服务   网络服务
客服电话:010-88361066   机 工 官 网:www.cmpbook.com
　　　　010-88379833   机 工 官 博:weibo.com/cmp1952
　　　　010-68326294   金 书 网:www.golden-book.com
封面无防伪标均为盗版   机工教育服务网:www.cmpedu.com

Foreword 前言

　　小户型的使用面积有限，让小居室更加舒适、美观，是多数设计师与业主梦寐以求的居住愿景。有人认为受户型与空间面积影响，小居室只适合做一些简单装饰。其实，若能在家装选材、色彩搭配、布局规划、软装配备等方面做到别出心裁，无论是奢华风还是简约派，都是可以尝试的。

　　本套丛书包括现代风格、北欧风格、日式风格、美式风格、混搭风格五种当下流行的热门家居装饰风格，汇集了大量真实案例，以布局规划、色彩搭配、材料应用、家具配饰、收纳规划五个方面为出发点，全面剖析小户型空间的设计搭配技巧。力求使小户型居室摆脱不好用、拥挤、昏暗的尴尬局面。满足人们对舒适居住环境的向往，也兼顾了家居美学的个性化追求。

　　本书从传统的古典美式到自然的乡村美式、田园美式再到简约的现代美式，通过丰富的案例展现了美式风格独特的魅力，本书共分为六章，其中包括客厅、餐厅、卧室、书房、厨房、卫生间六大生活空间，汇集了96个设计灵感，重点讲解家居空间设计、细部设计与装饰亮点。通过图文搭配的方式，使本书阅读起来更直观、更实用。本书是一本打造美式风格完美家居氛围的秘籍，能为不同需求的读者提供参考。

Contents 目录

第3章
卧室/075-110

第4章
书房/111-140

客 厅

1 美式 ＜风格
客厅的布局规划

空间位移，调整出最舒适的格局

不需要设立任何间隔，也能让客厅更加独立

落地窗，让小客厅宽敞、明亮

亮点 Bright points ·····························

可收纳的茶几
木质茶几下方的抽屉可以用来收纳一
些小工具，低矮的造型也不会占据太
多空间。

亮点 Bright points ·····························

收纳搁板
将整面墙都做成搁板，白色压膜板搭
配灯带，层次更分明。

亮点 Bright points ·····························

美式单人沙发
柔软舒适的单人沙发椅子，极具古典
美式家具的韵味。

亮点 bright point

装饰劈柴
一小堆劈柴让壁炉看起来更逼真，美式风情浓郁。

小家精心布置之处

1.装饰壁炉不仅不影响使用动线，还能缓解不规则结构的零散感。

2.餐厅布置在客厅与阳台之间，即可在充足的阳光下用餐，是一件十分浪漫的事。

3.卧室门设计成折叠样式，减少了门板开启关闭时的回旋空间。

　　小户型空间里，客厅兼做餐厅的情况是不可避免的，合理规划功能空间的布局，能让整体格局更舒适。可以考虑将餐桌换位置摆放，如窗前，其效果要好于将其放在玄关处，窗前良好且充足的自然光源，营造出一个阳光房般的用餐环境，舒适而温馨。

不需要设立任何间隔，也能让客厅更加独立

美式布艺沙发
柔软舒适，造型简单，满足功能，节省空间。

亮点 Bright points

<1

小家精心布置之处

1.开放式的空间内，运用家具对格局进行规划，如此一来每个功能空间都能被界定，还不会感到压迫感。

2.客厅入门处的墙面设计了收纳柜，白色柜体弱化了其本身的存在感，创造了更丰富的储物空间。

.... 亮点 Bright points
抱枕的点缀
颜色清爽，是整个居室中最明亮的色彩。

<2

亮点 Bright points

红木边柜
简单实用，既是边柜
又是客厅与餐厅之间
的间隔。

3.餐厅、客厅的采光良好，不设实质性的间隔，让空间整体看起来更加
宽敞、明亮。

亮点 Bright points

绢花插花
蓝白色的绢花插在玻璃花瓶中，
自然清爽十分惹眼。

电子壁炉
环保的电子壁炉不需要燃烧木材，干净卫生，取暖方便。

小家精心布置之处

08

1.落地窗让客厅拥有良好的采光与通风，经过白色百叶窗的调节，光线也柔和许多。

落地窗，让小客厅宽敞、明亮

好的落地窗布局能使客厅采光增加，开阔的视野也减少了小面积居室的紧凑感，呈现的视感更加宽敞、明亮，同时还能将室内外的景色融为一体，改善室内环境，营造浪漫氛围。

亮点Bright points
复古箱式茶几
箱式茶几拥有很大的
收纳空间，可用来收
藏一些贵重物品。

2.软装元素的搭配很注重细节，给人的感觉优雅精致，处处充盈着闲情逸致。

3.客厅整体以白色作为背景色，搭配色彩沉稳、样式古朴的家具，既有古典美式的淳朴韵味，又有现代美式的明快简洁。

亮点Bright points
搪瓷托盘与绢花
搪瓷材质很有乡村美式的味道，托盘中静静地放置着一束绢花，从容而祥和。

美式 ＜风格

2

客厅的色彩搭配

空间中的局部亮色，增添趣味性

绿色系，让美式客厅更有自然韵味

浅色的调和，让大地色系更显柔和、舒适

白色与米色的搭配，让小客厅柔和而明亮

亮点 *Bright points*
木搁板
高处设立了搁板，用来放置一些藏品
或自己喜爱的物品，装饰生活的同时
还丰富了空间的层次感。

亮点 *Bright points*
大理石装饰线
洁白素净的白色大理石线条，为墙面增
添了线条感，简洁利落，品质极佳。

亮点 *Bright points*
黄色跳舞兰
明艳的黄色让居室的色彩氛围十分活
跃，清爽秀丽的小花让观赏的人心情
愉悦。

美式风格客厅的用色多以米色、浅咖色、浅棕色为主色调，以营造安逸、从容的生活氛围。在进行客厅配色时，可以在小件物品上运用一点亮色，以增加空间的趣味性，为小空间带来明快的视觉效果。

电子壁炉
兼备功能性与装饰性的电子壁炉。

小家精心布置之处

1.茶几上摆放了精美的插花和美式茶具，提升了客厅的美式格调与优雅气质。

04

空间中的局部亮色，增添趣味性

亮点 Bright points
现代插花
精心搭配的现代插花给人一种"大隐于市"质感。

2.沙发墙的浅灰色营造出现代的空间氛围，明亮的黄色家具展现了明快的视感。

吊灯
全铜材质的灯架质感很突出，呈现出美式居室的轻奢之美。

绿色系，让美式客厅更有自然韵味

<1

小家精心布置之处

1.客厅整体以白色和浅灰色为主色，小面积绿色的点缀，使空间呈现的视感清爽雅致。

　　美式风格追求自然格调，怀旧并散发着浓郁的自然韵味的色彩是美式风格居室配色的特征。绿色系是最能体现自然气息的色彩，在美式风格的客厅中，可以用浅绿色装饰墙面，也可以将绿色运用在布艺装饰中，还可以是生机盎然的绿植花艺，都无一不将美式居室自然的情怀表现得淋漓尽致。

2.地毯的颜色是室内最暖的颜色，为自然系空间增添了一份厚重感，搭配不同层次的绿色，从软装的细节中体现现代美式居室的自然韵味与精致格调。

美化心情的花束
随手将两株精美的绿色绣球插入玻璃瓶中，看起来格外清爽好看。

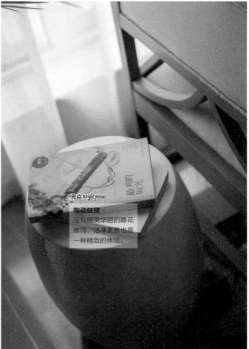

•亮点 Bright points
陶瓷鼓凳
没有精美华丽的雕花修饰，洁净素雅也是一种精致的体现。

亮点 Bright point
全铜吊灯
灯饰的选择很考究，全铜材质，流畅的线条，唯美而精致。

浅色的调和，让大地色系更显柔和、舒适

美式风格的配色十分偏爱于绿色、棕色、卡其色、咖啡色等大地色系，利用这些略带厚重感与暖意的色彩来体现美式风格居室的沉稳气质。小客厅中若选用棕色、咖色等暗暖色进行配色，要尽量减少使用面积，同时使用白色、米白色或奶白色进行调和，这样能减弱小居室的沉闷感，让整个空间更加柔和、舒适。

亮点 Bright points

抱枕
颜色很丰富，可随时更换，是活跃氛围的最佳元素。

小家精心布置之处

1.少量白色的点缀，弱化了大面积深色的沉重感，让空间的整体色彩层次更柔和。

2.整个客厅的硬装很简单，更多利用了后期软装来营造效果，家具、布艺、绿植等元素，从细节上提升了整个空间的品位与美感。

3.沙发待客区采用对称式布置法，简洁明快，极具平衡感。

亮点 Bright points

桌旗
手工修饰了简单的现代图案，放置在古朴的实木茶几上，别有一番风味。

亮点 Bright points

台灯
绿色琉璃灯座让台灯成为室内最惹眼的存在。

白色与米色的搭配，让小客厅柔和而明亮

小家精心布置之处

1.客厅与书房之间没有间隔，让书房的景象可以引入客厅，赋予空间丰富的表现与内涵。

2.休闲椅的样式很可爱，敦实厚重，颜色低调，放置在装饰壁炉前，别有一番休闲意味。

　　小客厅中选用米色与白色作为背景色，总能给人呈现出唯美、柔和的视感。米色的温度感能够很好地调和白色的冷硬和单调，同时也不会影响白色的洁净感与空间整体视感的开阔性，是小户型居室配色中十分推荐的一种配色方案。

亮点 *Bright points*
古典饰品
壁灯和摆在台面上的饰品，其复古的样式提升了整个空间的品质。

亮点 *Bright points*
台灯
台灯选择了绯红色纸质灯罩，让光线唯美、浪漫。

<2

小家精心布置之处

1.白色与木色的双色家具的运用强调了客厅的自然氛围，也是现代美式居室的经典配色。

2.装饰画的运用丰富了整体空间的色彩层次，搭配简单的家具配饰，体现出生活的美好与安逸。

亮点 Bright points

竹制收纳篮

手工编织的收纳篮是对大自然的最佳致敬。

亮点 Bright points

发财树

发财树的名字很讨喜，是现代居室中比较偏爱的一种植物。

3 美式 ＜风格
客厅的材料应用

让美式居室大放异彩的护墙板

白色文化砖，为现代美式客厅带来复古美

素色环保硅藻泥，打造健康环保的小客厅

利用壁纸的竖向条纹，缓解小客厅的紧凑感

亮点 *Bright points* ......
布艺软包
美式居室中的布艺软包样式不宜太过繁复，简洁利落是呈现美感的最佳手法。

亮点 *Bright points* ......
竖条纹壁纸
竖条纹壁纸是现代美式风格居室中最经典的装饰壁材，图案简洁流畅，色调柔和。

亮点 *Bright points* ......
现代美式布艺沙发
沙发的样式简约大方，满足使用功能的同时，还兼备了舒适度与美观性。

亮点 Bright points

古典台灯
精致的铜质支架上搭配了漂亮的磨砂玻璃，呈现出艺术品般的存在感。

小家精心布置之处

1.绿色、米色、棕色的色彩组合；木材、布艺、绿植等软装元素的搭配，整个客厅的配色、选材都尊崇了田园系美式风的自然基调。

2.木饰面板细腻而温润，充满质感，搭配上同一材质的电视柜，达到了功能和形式的完美统一。

白色文化砖，为现代美式客厅带来复古美

现代美式风格的客厅给人的感觉是简洁中带有一丝复古感，想要营造这样的氛围，可以选择带有复古纹理的文化砖来装饰墙面，小客厅中砖体的颜色尽量选择白色、米白色一类的浅色，美感与质感并存，也不会因为颜色选择不当，而产生压抑感。

小家精心布置之处

1.白色文化砖装饰的沙发墙，很有极简风的韵味，再搭配上经典的美式皮质沙发，提升了整体空间的美感。

2.客厅与其他空间的间隔推拉门占用了沙发墙的一些面积，但并不显得拥挤，反而让简单的墙面更有画面感。

3.电视墙同样选择白色，利用简单利落的白线条装饰其中，在视觉上产生留白效果，很有文艺感。

4.家具的样式很简单，沙发、茶几、电视柜、休闲椅等的搭配显得自由随性，简约怀旧。

亮点 Bright points

干花

干花也可以成为室内装饰的一个小亮点。

素色环保硅藻泥，打造健康环保的小客厅

小家精心布置之处

1.客厅以绿色为主，清新淡雅，大量植物的点缀也恰到好处地呼应了整体的自然系格调。

2.电视墙用绿色硅藻泥装饰，搭配白色石膏板，色彩明快，健康环保。

亮点 Bright points
搁板
木质搁板的样式极具田园风格，花花草草的装饰，让室内自然气息更浓郁。

亮点 Bright points
假花也能更美丽
在造型窗户周围装饰上假花，只要颜色得当，看起来就会很自然逼真。

亮点 Bright points
陶瓷骆驼摆件
亮丽的配色搭配精致的花纹，再配上可爱的造型，一件瓷器也可以有很强的存在感。

3.白墙上错层打造了两处搁板，用来摆放饰品，缓解白墙的单调感，也呼应了素色布艺沙发的自然质朴。

4.沙发一侧的边柜上不仅摆放了绿植、陶瓷饰品，还有一盏精致的碎花图案的台灯，更是提升了居室内乡村的格调。

利用壁纸的竖向条纹，缓解小客厅的紧凑感

美式风格居室内，常见对条纹、格子等图案的钟爱。小户型的客厅中，若想营造温馨、舒适的空间氛围，壁纸的应用必不可少。整墙使用壁纸装饰时，以竖条纹壁纸为宜，因为竖向的条纹可以使人的视线产生延伸感，达到拉伸空间高度的视觉效果，从而缓解小空间的紧凑感。

小家精心布置之处

1.客厅以米色调为主，安逸舒适，壁纸与沙发搭配得很和谐，无论是色彩还是材质都拿捏得恰到好处，配上各种精美的绿植，使整个空间尽显自然、安逸。

<1

2.沙发墙没有做任何复杂的装饰，仅运用了竖条纹壁纸作为装饰，使空间有了纵向拉伸感；墙上的风景画很有意境，也为简约的居室生活增添了无尽的想象空间。

亮点 Bright points

条纹地毯
地毯的样式及纹样具
有现代气息，与室内
的自然氛围融合得毫
无违和感。

亮点 Bright points

双色窗帘
平开双色窗帘清爽宜
人的颜色，为室内带
来一份清新感。

亮点 Bright points

绿植
绿植的茂盛让居室的自然氛围更
加浓郁。

亮点 Bright points

瓷器饰品
洁白的瓷器与天鹅的高贵纯净形象
完美契合，精致品位不言而喻。

4 美式 <风格
客厅的家具配饰

多层光源，让小客厅温馨、明亮

美感与实用性并存的美式布艺沙发

绒布饰面沙发呈现高级视感

米字旗元素，增添异域风情

彰显文艺复古美感的轻古典造型家具

亮点 *Bright points*
装饰画
色彩搭配明快，日落时的大海让人的感觉
满满的都是安宁与祥和之感。

亮点 *Bright points*
圆角石膏线
简洁大方，让墙面与顶面的过渡更和
谐，圆角造型也是美式居室的经典装
饰元素之一。

亮点 *Bright points*
皮质老虎椅
纯实木框架，高弹力海绵，皮革饰
面，舒适休闲。

多层光源，让小客厅温馨、明亮

亮点 Bright points

斑马纹抱枕
斑马纹虽然是黑白色调，但是却有着浓郁的大自然气息。

小家精心布置之处

1.客厅的主光源是一顶精致的美式吊灯，吊顶周边搭配了灯带和筒灯，多层光源的组合运用，让居室内的光线更加充足，暖光灯带的衬托使氛围也更加温馨。

2.沙发的左右两侧分别放置了短沙发和休闲椅，形成U形布局，紧凑的布局让交流谈心没有距离感。

18

美感与实用性并存的美式布艺沙发

　　强调使用的舒适性，是美式沙发的特点，以实木作为主框架，沙发底座采用弹簧加海绵制作而成，这使得美式沙发十分结实耐用，棉麻材质的布艺饰面无论是质感还是颜色，都是客厅装饰的绝对主角，将美式风格居室安逸、舒适的生活氛围展示得淋漓尽致。

<2

<1

小家精心布置之处

1.电视半墙将空间一分为二，矮墙上方的台面还可以用来摆放一些饰品、花艺，装饰整个空间。

2.拆除了客厅与其他空间的实墙，让整个空间的采光得以增加，空间也更加开阔；选择白色百叶遮光帘调整光线，也为空间增添质感。

3.客厅的右侧是厨房，同样没有设立间隔，保留了原始结构与空间的开阔性。

亮点 bright points

吊灯
这两顶样式相同的吊灯，成为备餐区最亮眼的装饰。

<3

叶窗
叶窗让室内光线柔
舒适。

亮点 Bright points

玻璃茶几
玻璃茶几的框架选择的是考究的铜质，简约而
不失优雅，别有一番美式风情。

4.布艺沙发的样式简洁，结实的实木框架搭
配高弹海绵与浅色系的布艺饰面，呈现美式
的慵懒风，精致又不失自在。

<4

绒布饰面沙发呈现高级视感

亮点 Bright points

蕙质兰心的画品
三联装饰画水平悬挂于沙发上方，以兰草为主题，品位卓然。

亮点 Bright points

玄关柜
柜体占据了整面玄关墙，选择白色可以减少压迫感，灯带的衬托则更显层次与美感。

小家精心布置之处

1.墙面设计简约大气，浅灰色的乳胶漆装饰整屋墙面，同样颜色的线条勾勒出现代美式的利落之感。

2.沙发的样式简单，选择了质感细腻的绒布饰面为空间增添了质感。

亮点 Bright points
矿工灯
黑铁灯罩搭配钨丝灯泡，极具工业情怀。

小家精心布置之处

1.茶几上摆放的复古留声机，仿佛穿越一般，流露出浓郁的复古风。

2.沙发茶几满足了基本待客需求，在茶几两侧穿插搭配了收纳凳和边几，是完善小客厅使用功能的妙招，同时也是丰富室内表现的一种手法。

米字旗元素融入美式风格客厅中，为美式风格带来异域情怀。此外，以红色、蓝色为主色调的米字旗不仅能丰富小客厅的配色层次，还让小客厅的装饰元素更加丰富、有趣。此类元素可以用作抱枕、收纳凳的小件物品中，以避免喧宾夺主。

彰显文艺复古美感的轻古典造型家具

小家精心布置之处

1.蓝色卷边沙发的样式复古，为空间带入浓郁的古典美式韵味。

2.除了皮质沙发，客厅中其他家具的样式及选材都极富古典韵味，深浅色调的过度也很和谐，使整个居室低调又不失活力。

亮点 Bright points

做旧电视柜
做旧质感的电视柜让室内的复古风情更浓郁。

亮点 *Bright points*

瓷罐

精致的小瓷罐可以用来放置茶叶或咖啡。

亮点 *Bright points*

大型植物

泥烧材质的花盆透气性更好,有助于植物生长,尤其适合培育大型植物。

亮点 *Bright points*

花艺与收纳篮

手工编织是收纳篮的最大亮点,搭配一株情调满满的相思豆,朴实无华却情意满满。

3.与客厅相连的玄关依旧延续了客厅的设计格调,描金家具搭配一些具有象征寓意的装饰元素,复古气息浓郁,典雅醇厚。

5 美式 <风格
客厅的收纳规划

兼备装饰性与功能性的壁龛

满足更多收纳需求的组合柜

根据使用需求，量身定制复合式收纳柜

利用收纳柜取代沙发墙，增加收纳空间

亮点 *Bright points*
开放式收纳边柜
开放式的边柜拿取物品很方便，为了
美观也让收纳工作变成了一种自觉。

亮点 *Bright points*
复古挂钟
在简单的墙面上挂上复古样式的挂
钟，成为居室装饰的一个亮点。

亮点 *Bright points*
电子壁炉
壁炉是美式居室中的经典元素，电子
壁炉美观度高，使用方便。

肚形斗柜
可用于收纳，同时也是一件很耀眼的装饰品。

<1

<2

小家精心布置之处

1.经典的美式白色百叶窗让光线更加协调，体现了室内选材的质感，与白色墙面连为一体，为小客厅打造出一个简洁、舒适的背景。

2.沙发墙后打造了一处可用于收纳的双层壁龛，用来摆放一些纪念品或藏品，丰富空间内容，也缓解了白墙的单调感。

17

兼备装饰性与功能性的壁龛

满足更多收纳需求的组合柜

收纳篮和茶几

茶几下方的空间若想用于收纳，可以搭配上收纳篮，这样更显整洁。

选用组合式柜体来装饰客厅的电视墙，配套的组合省去了设计与搭配的烦恼。一方面让客厅的家具搭配更有整体感；另一方面可依靠柜体满足居室的收纳需求。超大的柜体可以用来收纳书籍、藏品及一些日常经常使用的小工具，拿取方便，也提升空间美感。

小家精心布置之处

1.客厅的整体配色沉稳内敛，做旧的家具体现了传统美式风格低调、淳朴的美感。

2.整面电视墙没有做任何装饰造型，选用成套的柜子作为装饰，柜门板选用了玻璃与木饰面板组合装饰，缓解了大面积深色柜体的压抑感。

亮点 *Bright points*

创意摆件
金属线条制成的自行车，成了搁板上最惹眼的
装饰。

3.客厅中不仅运用了成品柜作为装饰收
纳，还在沙发墙上打造了壁龛，拱门的造
型是美式风格居室的经典样式。

4.蓝色的沙发看起来柔软舒适，与做旧的
棕色木质家具形成鲜明对比，配合各种饰
品的点缀，从软装细节上提升整个空间的
品位。

根据使用需求，量身定制复合式收纳柜

小家精心布置之处

1.经典的美式布艺沙发选择了浅色系，沐浴在充足而温暖的阳光下，显得格外舒适安逸。

亮点 Bright point
烛台吊灯
线条纤细流畅，烛台样式也为室内带来悠远的复古之感。

<1

2.整面墙都被规划设计成可用于收纳的柜子，对称的样式增添了空间的整洁度与平衡美。

3.整体空间都以浅色为主，白色、米色与原木色，整体色彩氛围简洁而唯美。

亮点 Bright points
整合式收纳柜
开放的搁板与封闭的柜体，让收纳更得心应手。

4.电视机被隐藏在收纳柜里，巧妙的设计让生活充满惊喜。

利用收纳柜取代沙发墙，增加收纳空间

20

亮点 Bright points

白色百合
百合花的味道清香宜人，是自然系房中不可或缺的物品。

<1

小家精心布置之处

1.客厅拥有良好的采光，选择质感细腻的白色蜂巢帘，调整室内光线，柔和舒适，营造出一种安宁、优雅的居室氛围。

<2

<3

2.沙发后的整面墙被打造成可用于收纳书籍的搁板，丰富的书籍为优雅慵懒的美式居室增添了不可多得的书香气息。

3.矮墙与收纳柜打造的电视墙，丰富了墙体的设计感，还为小空间提供更多的收纳空间，集功能性与装饰性于一身。

餐 厅

美式 < 风格
餐厅的布局规划

可充当餐厅边柜的设计

减少隔断，保证室内光线不受阻

调转餐桌位置，延伸空间动线

亮点 Bright points

水晶吊灯
美式风格的水晶吊灯样式简化不
少，搭配暖色的灯光，氛围也更趋
于温馨。

亮点 Bright points

平面石膏板
小户型居室的顶面设计不会太过于繁
琐，简单的平面石膏板让顶面设计平
整、洁净，还不会产生压抑感。

亮点 Bright points

美式餐椅
结实的实木框架搭配了柔软舒适的海绵
及布艺饰面，让椅子的舒适度大大提
升，也突显了美式生活的特点。

<1

<2

亮点 Bright points

绢花插花

绢花不需要打理，性价
比高，是装点与美化生
活环境的佳品。

小家精心布置之处

1.开放式厨房的延伸吧台，既可保持空间的通透感，也可以作为餐厅的辅

助，代替餐厅边柜放置一些餐具。

2.餐厅与客厅之间没有间隔，而是利用家具的颜色界定了空间，这不仅提升

了整体空间的色彩层感，也保证了整体空间的开阔性。

22

减少隔断，保证室内光线不受阻

美式吊灯
美式吊灯的选择，足以左右房间的印象，是营造氛围的工具之一。

<1

<2

小家精心布置之处

1.厨房与餐厅之间运用吧台作为间隔，两顶吊灯渲染了空间氛围，吧台还可以作为临时餐桌，也可以用来放置一些用餐时需要的用具及菜品。

2.矮墙被设计成可用于收纳的层板，摆放一些喜爱的饰品，装点生活，丰富整个空间内容。

3.小空间内摆放装饰了很多饰品，考究精致，从软装元素的细节搭配中展现出现代美式生活的精致品位。

4.浅豆沙色墙面柔化了整个居室的美感，将室内其他元素完美地融合在一起，简洁优雅。

········· 亮点 Bright points

烛台与玻璃器皿
洁白的蜡烛搭配精致的玻璃器皿，让烛光更柔和、舒适。

亮点 Bright points

新鲜果蔬
新鲜美味的果蔬出现在餐桌上再合适不过了，可为室内增添色彩。

调转餐桌位置，延伸空间动线

23

亮点 Bright point

装饰画
入门处挂上两幅孩子所画的卡通画，让家的氛围更浓郁。

<1

将餐桌移至靠墙，即使没有间隔也要预留出厨房的入口。依墙而设的餐桌可以创造出开放式空间的平衡感与开阔感，这样既能保证厨房、玄关、餐厅三处的动线更加合理化，还能确保光线不受阻隔。

小家精心布置之处

1.餐桌椅是整个居室中配色最深的装饰元素，奠定了整个开放式空间的色彩基调，也展现出浓浓的美式风情。

亮点 Bright points

通透的隔断
棕色边框的玻璃推拉门，间隔空间，又不乏层次。

2.餐桌的位置选择保证了空间动线的畅通，无论是与厨房、玄关还是客厅的连接都很自然、畅通。

亮点 Bright points

创意绿植
铁艺笼子与一株绿植的组合，很别致。

3.餐厅与厨房之间设计了一处小吧台，闲暇之余可以在此处喝茶聊天，强化了室内功能性与装饰性。

2 美式 < 风格
餐厅的色彩搭配

以白色为背景，打造悠闲舒适的小餐厅

展现美式民族风情的红色与蓝色

米色与白色，营造出小餐厅轻柔洁净的美感

花花草草轻松营造自然气息

亮点 *Bright points* ....

插花与餐椅的色彩呼应
配饰与家具的颜色形成呼应，看上去
巧妙且十分用心，插花的颜色是紫色
和白色，纯净而又柔和。

亮点 *Bright points* ....

暗条纹壁纸
暗条纹壁纸运用的是同一颜色的深浅
搭配，简洁素雅。

亮点 *Bright points* ....

芍药花
餐桌上一团锦簇的芍药花，为华美的
空间带来一份清甜之感。

顶面、地面、墙面作为室内最大的立面都选择白色，以使小户型居室呈现出整洁、宽敞的视觉效果，依靠不同材质所体现的微弱色差来体现色彩层次，以达到缓解配色单调的目的。在这样的背景色下，餐桌椅的颜色即使比较深，也不会显得压抑，反而将美式风格餐厅衬托得更加安逸而从容。

小家精心布置之处

1.餐桌椅的样式极具古典美式家具的韵味，植物图案饰面的两把餐椅穿插摆放其中，增添了居室内的自然气息。

2.整个空间都以白色为背景色，为美式风格居室提供了一个简约唯美的背景环境。

以白色为背景，打造悠闲舒适的小餐厅

亮点 Bright points
传统吊灯
样式简洁大方也不失古典情怀。

亮点 Bright points
小型植物
植物永远是装点自然生活的好伙伴。

亮点 Bright points

复古吊灯
烛台式吊灯的样式简
洁，增添了室内的休闲
感和光线舒适感。

小家精心布置之处

1.白色作为背景色，让小空间的视感更干净透亮。

2.餐椅的红蓝搭配很有层次感，餐桌上随意点缀的新鲜果蔬也
增添了居室的生活气息。

　　红色和蓝色是一组对比十分强烈的对比
色，运用在美式风格的餐厅中，可以用来代替
棕色或褐色等比较厚重的颜色，所打造出的居
室氛围十分富有美式民族风情，但为避免产生
刺激的视感，建议最好降低这两种颜色的纯度
和减小使用面积。

亮点 Bright point

杂志、果盘等

随手翻着的杂志、新鲜的水果、简单的餐具，都为餐厅带来不可多得的个性化生活气息。

3.做旧的实木餐桌，木材纹理很清晰，不需要多余的修饰，就能体现出美式风格自然而淳朴的美感。

米色与白色，营造出小餐厅轻柔洁净的美感

米色是一种比较柔和的色彩，与白色搭配，可呈现更加清爽、素雅的视感。采用米色作为餐厅的主题色时，灯饰、花艺、桌布等软装装饰元素最好选择色彩浓郁的颜色作为跳色，令空间色彩更具有层次感。

小家精心布置之处

1.餐椅的外形圆润可爱，黑色边框不仅让椅子看起来更有线条感，还是居室内不可或缺的色彩点缀。

2.以白色和米色作为背景色，总能给人带来温和朴素，不张扬、不做作的视觉效果，也让小居室的视感更开阔。

收纳搁板

搁板的位置不占据空间的实际使用面积，成为一个展示生活的小平台。

<1

亮点 Bright points ....

瓷器艺术品
复古的纹样及外形，既能用来收纳一些茶
或咖啡，还可以装饰美化环境。

小家精心布置之处

1.充分利用了白色和米色的包容性，即
使空间不大也可以选择深色家具，以彰
显美式风格的低调与内敛。

2.客厅与餐厅保持同样的背景色，整体
感更强，看起来也更宽敞明亮。

<2

花花草草轻松营造自然气息

餐厅中的绿色用花花草草来体现，呈现的自然效果远胜其他，利用季节性的花草来装点空间，性价比高，更换方便，还能为居室增添自然气息，也是最能体现乡村美式风格韵味的装饰手法。

小家精心布置之处

1.绿植、装饰画的呼应，表现出美式风格居室必不可少的自然气息。

2.浅灰色调的背景色为餐厅增添了些许时尚感，也迎合了现代美式的审美，宝蓝色的布艺窗帘作为辅助配色，优雅中透着理性。

亮点 Bright point

茶色镜面

丰富室内色彩层次感，茶色更显低调，不会太过刺目。

满天星
繁茂的满天星放置在餐桌上,清新文
艺的气息十分浓郁。

3.餐厅的墙面装饰了一面茶色镜子,精美又不显
突兀。

田园氛围浓郁的蔷薇
一大簇香槟色的蔷薇花,在绿叶的衬托
下,更显繁茂,用在餐厅增强食欲。

3 美式 <风格
餐厅的材料应用

石膏线条，丰富小餐厅的设计感

实木线条，打造简洁而富有层次感的小餐厅

实木地板营造的沉稳气度

玻璃和镜面是缓解小空间压迫感的关键

亮点 *Bright points* ·······
实木地板
烟熏色的地板，自带做旧视感，展现
出美式的自然、朴素之美。

亮点 *Bright points* ·······
木质横梁
木横梁的运用让顶面的设计更有层
次，还可以化作吊灯的承重点，方便
灯饰的安装。

亮点 *Bright points* ·······
仿古砖
仿古砖自带做旧效果，是美式居室的
经典装饰材料之一，铺装时可以适当
地运用一些锦砖进行装饰，让视感更
丰富。

亮点 Bright points
装饰画
以中式文化作为装饰画的题材，色彩以红
色、黑色、金色三色为主，华贵而大气。

亮点 Bright points
绢花树枝
翠绿的树枝斜插在玻璃杯中，美
观度与自然度不亚于真花。

亮点 Bright points
坚实耐用的弯腿椅子
弯腿造型的餐椅极具美式韵味，
给人的感觉坚实稳固。

亮点 Bright points
石膏线
简单的石膏线，弱化了
白墙的单调感，让墙面
设计更有层次。

石膏线条，丰富小餐厅的设计感

<1

石膏线是一种十分百搭的装饰元素，性价比很高，可用
于各种风格的居室内。在面积较小的餐厅中，为了达到扩张
空间的目的，墙面、顶面通常不会选择太复杂的设计造型，
而是选用石膏线作为装饰，简洁大方的线条让整体空间看
起来不显单调。

小家精心布置之处
1.客厅与餐厅相连，错层的设计活跃了
室内的设计感，复古的美式餐桌上摆放
着一株清爽的绿植，让用餐空间更显精
致，也更有层次感。

亮点 *Bright points*

装饰画
对称分布的装饰画均以植物
为题材，形态各异，自然意
味十足。

小家精心布置之处

1.将餐厅的护墙板刷成白
色，弱化了木材原本的厚
重感。

2.白色护墙板上装饰着层
次错落的装饰线，简洁利
落，层次丰富。

实木线条，打造简洁而富有层次感的小餐厅

3.深色餐桌椅增添了室内配色的厚重感，样式简约的温莎椅，线条感强，美观大方，是美式居室中的经典家具。

4.将餐边柜设计成可用于划分空间的间隔，不仅不妨碍收纳还能保证空间的独立性，功能性与美观度兼备。

装饰画
画品的颜色很丰富，提升色彩层次。

实
木
地
板
营
造
的
沉
稳
气
度

　　实木地板是一种兼备稳定性与美观性的装饰材料，良好的触感与色感能够增添室内的舒适性与美观性。小餐厅为减少压迫感，墙面、餐桌椅的颜色通常以浅色为主，那么地板的颜色可以选择一些暖色来进行调和，这样可以使餐厅的整体视感更显沉稳大气，如浅棕红色、浅棕黄色、原木色等暗暖色都可以用作地板的颜色。

小家精心布置之处

1.竖条纹壁纸让餐厅的装饰设计显得简单利落，棕红色调的实木地板，品质卓然，是提升居室气质的关键。

亮点 *Bright points*

装饰油画
油画的颜色浓郁，大海、巨帆，代表着让人神往的自由世界。

<1

亮点 Bright points

创意吊灯
吊灯的样式仿佛是多只
电筒组合在一起，光线
充足。

‹3

2.精致的餐具是用餐的基本保证，充足的
光线与用于美化氛围的绿植，都是营造温
馨用餐氛围的重要元素。
3.玄关处的设计延续了餐厅设计的风格，
极具整体感。

‹2

玻璃和镜面是缓解小空间压迫感的关键

烛台与花艺
烛台与鲜花，是烛光晚餐的前奏。

小家精心布置之处

1.通透的玻璃让小餐厅的视感更开阔，与白色门板搭配，层次也很丰富；餐厅的另一侧墙面被设计成搁板，陈列一些自己喜爱的物品，展现动人的层次感。

2.入门玄关处设计了大面积的收纳柜，可以满足居室生活大部分闲置物品的收纳需求；卡座的设计方便脱换鞋子。

小家精心布置之处

1.飘窗的一侧打造了层次丰富的
搁板，用来摆放一些书籍或饰
品，让小餐厅内容更丰富。

<1

2.镜面的运用让餐厅看起来极富
现代感，也更显开阔，镜面的车
边线条增添了镜面的利落感。

亮点 Bright points

创意吊灯

不拘泥于风格限制，造
一顶自己喜欢的吊灯，
功能与装饰兼备。

<2

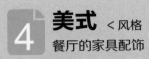

美式 < 风格
餐厅的家具配饰

描金家具彰显传统美式格调

做旧处理的木质家具，更显美式自然情怀

弯腿造型家具，更显轻盈与美感

一点精致的复古元素，提升装饰品位

亮点 Bright points

圆形美式餐桌
仿古美式餐桌给人坚实稳固之感，棕红色的饰面，低调而富有内涵。

亮点 Bright points

蔷薇花图案壁纸
壁纸花色逼真，秀丽清新，是增添居室自然氛围的关键。

亮点 Bright points

竹制卷帘
保证室内光线的舒适度，天然的选材营造出的氛围也非常自然。

小家精心布置之处

1.实木餐桌四周修饰了精致的描金花边，质感十分突出，搭配绿色皮质餐椅，传达自然、华美的韵味。

亮点 *Bright points*
静物的禅意
几本书搭配一盘水果，静谧安逸，仿佛时间都停止了一般。

亮点 *Bright points*
红豆与瓷器
相思红豆搭配中式青瓷，提升空间美观度。

小面积的美式风格餐厅中，也可以选用带有描金花纹的传统风格家具，让小餐厅也能拥有传统美式风格低调、奢华的氛围。为缓解深色家具的沉闷感与压抑感，可以选择造型相对纤细的餐桌椅，精致的描金花纹搭配棕色调的实木底材，即便是整体形态略有简化，也能表达出传统美式家具细腻、高贵的格调，成为小餐厅的装饰焦点。

32

描金家具彰显传统美式格调

亮点 Bright points ⋯⋯⋯⋯⋯⋯→

推拉门
推拉门的开关不占据空间，灵活且不会影响人们走动。

<1

小家精心布置之处

1.做旧的餐桌依旧保留了木材清晰的纹理，为现代美式风格居室增添了质朴、自然之感，也彰显了美式居室对木材的喜爱。

2.边柜放置在沙发与餐桌之间，起到分隔与收纳的作用。

做旧处理的木质家具，更显美式自然情怀

亮点 Bright points
百合插花
最常见的百合花，插在透明的玻璃花瓶中，清新气质引人注目。

<2

<3

亮点 Bright points

收纳柜

壁龛与灯带，让收纳柜
的美感提升。

3.走廊的一侧墙面都被定制成收纳柜，提
供了更多的收纳空间，柜体中间嵌入了灯
带，丰富设计层次，白色饰面弱化存在
感，减少压迫感。

亮点 Bright points

胡桃夹士兵

选择两款自己喜欢的士
兵，童话气息满满。

弯腿造型家具，更显轻盈与美感

　　现代美式风格家具延续了传统家具的弯脚造型，摒弃了繁琐复杂的雕花，弱化了传统家具给人带来的粗笨感觉，整体视感更加轻盈、简洁，十分适合用来装饰小户型的餐厅。为了进一步突显小餐厅的宽敞与明亮，可以选择米色或白色作为家具的主色。

小家精心布置之处

1.成套餐桌椅的弯腿造型，源自古典家具的经典样式，没有了繁复的雕花，更显简约和轻快。

2.精致的烛台、绿植、茶具装点出一个充满缤纷色彩的用餐空间，也传达出美式居室自然、质朴的韵味。

亮点 Bright points ·········
黑框玻璃推拉门
用作书房与餐厅之间的间隔,让整个居
室在视觉上变得宽敞了许多。

3.黑色边框的玻璃推拉门将书房与
餐厅和客厅实现分隔,通透的材质
弱化了整面白墙的单调感,让居室
的整体搭配和谐而富有层次。

亮点 Bright points

格子图案

格子图案深受美式风格喜爱，简洁美观，增添室内活跃感。

<1

<2

小家精心布置之处

1.餐桌椅的样式经过简化，但仍保留了古典家具的神韵；餐桌上摆放着精美的茶具、美味的果蔬，使原本单一的空间变得丰富起来。

2.浅色为背景色，整体给人的感觉非常简洁大方。

小家精心布置之处

1.墙面仅用浅米色乳胶漆和白色实木线条来作搭配，整体氛围和谐舒适。

2.餐厅的一侧墙面定制了整墙的收纳柜，通透的玻璃搭配白色门板提升了视觉的舒适度与空间的收纳容积。

一点精致的复古元素，提升装饰品位

亮点 Bright points

玻璃花器

组合摆放的花器，未有插花却已是美不胜收的装饰品。

5 美式 < 风格
餐厅的收纳规划

卡座设计,节省空间,增强收纳

开发留白墙面,收纳与展示两不误

装饰性收纳,提升小餐厅颜值

亮点 *Bright points* ....

搁板
搁板的样式略带复古风格,实木质感坚
实耐用,赋予墙面层次感与收纳功能。

亮点 *Bright points* ....

良好的收纳,让生活更精致
圆盘、花艺、书籍、工艺品等元素被
整齐摆放在收纳柜中,实现有序收纳
的同时也更具美感。

亮点 *Bright points* ....

美式插花
美式插花偏爱花团锦簇的形态,让空
间氛围更显华美。

亮点 bright points
格栅与玻璃
木格栅被刷成白色，搭
配玻璃，整体更显洁
净、素雅。

<1

亮点 bright points
复古烛台
烛台的样式极具复古
感，考究的选材结实
牢固。

<2

36

卡座设计，节省空间，增强收纳

卡座在小餐厅中的应用可谓是集功能性与装饰性于一身的设计手法，十分适用于小面积的餐厅中。卡座需要量身定做，提前规划好餐桌位置，搭配的整体感很强。卡座具备了餐椅与收纳箱的双重功能，可以为小餐厅提供更多的收纳空间。

小家精心布置之处
1.简单的木质格栅增强了餐厅的独立性，划分了空间的同时还能代替餐椅。
2.嵌入式壁柜与卡座相连，提供了充足的储物空间，紧凑的布局让居室有了顺畅的动线。

亮点 *Bright points*

吊灯
吊灯的样式很简约，为古典风浓郁的美式餐厅融入现代感。

`<1`

开发留白墙面，收纳与展示两不误

餐厅的收纳主要依附于餐边柜，小餐厅中可以将留白的墙面开发成比较实用的柜体，一方面能丰富墙面的装饰效果，一方面用来收纳一些餐具。规划收纳时可以将一些颜值较高的杯子、工艺品分类陈列其中，使餐厅的内容更加丰富，实现了有序整齐的收纳，不会产生混乱感。

小家精心布置之处

1.整合的墙面被整体打造成用于陈列艺术品的柜子，层次丰富，提升了空间的艺术感。

亮点 *Bright points*

精美的器具
精致的器具让盛放的食物看起来更加美味可口，如艺术品般被摆放在餐桌上。

纤雕边几

样式简化的边几依旧带有古典家具的意味，纤细的造型也不占据空间。

2.利用空调出风口下方的结构特点打造了收纳柜，可以用来放置餐具或饰品。

3.餐厅与厨房衔接处，利用吧台充当界定，不仅分隔空间，而且提升了空间的使用效率。

装
饰
性
收
纳
，
提
升
小
餐
厅
颜
值

小家精心布置之处

1.大理石餐桌光滑洁净的白色桌面，装饰在这个色彩浓郁的餐厅中，显得格外简约大气。

<1

2.餐厅墙面整合出一处可以用于收纳的柜体，颜色与背景色保持一致，不显突兀，陈列一些精美的酒具，提升室内美感。

提升生活情调的藏酒
几瓶美酒放置在格子中，日常微醺小酌，别有一份情趣。

亮点 Bright points

绣球插花
绣球花的颜色搭配和谐，不娇不艳，给人的感觉清新美观。

<2

卧 室

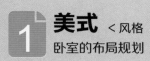

美式 < 风格

卧室的布局规划

改变一下门体机构，主卧与卫生间划分更美观

半高墙，加强开阔感

合理规划布局，明确小卧室动线

亮点 *Bright points*

皮质软包床

宝蓝色皮革床，样式设计极具美式家具的格调，让整个略带古典风的卧室透露出一份庄重感。

亮点 *Bright points*

暗花纹壁纸

壁纸的颜色清爽淡雅，但壁纸的花纹并不鲜明，营造的卧室氛围温馨而又舒适。

亮点 *Bright points*

法式台灯

台灯的奶白色是女性偏爱的颜色，其精致复古的样式与室内其他元素十分相衬。

改变一下门体机构，主卧与卫生间划分更美观

亮点 Bright points

推拉门

横向推拉的门板更节省空间，尤其适合小居室运用。

<1

亮点 Bright points

现代插花

花艺的线条高挑优美，明艳的色彩与灯光搭配更显妩媚。

<2

亮点 Bright points

布艺元素

布艺元素堆砌运用，配色和谐，使用起来也十分舒服。

小家精心布置之处

1.将主卧卫生间的门改装成横向对拉门，避免了传统平开门回旋空间不足的尴尬，白色门板与钢化玻璃还可以缓解实墙的压迫感。

2.卧室的窗户做成飘窗，增添美感，还提供了一些可用于收藏闲置物品的收纳抽屉。

<1

10

半高墙，加强开阔感

适当地改造一下主卧与卫生间之间的墙体，做成半高隔墙再结合一些通透材质，如钢化玻璃，在视觉上营造开拓感，使两个空间的光源相互通融交汇，既能保持各自的独立性，又相互连通，还能缓解小空间的压迫感。

小家精心布置之处

1.主卧卫生间的洗漱区墙面用钢化玻璃代替，通透敞亮，是实墙不能呈现的美感。

2.卧室面积不大，却依旧选择了样式复古的欧式四柱床，宽大舒适，睡眠更有保证。

<2

<3

亮点 bright point

收纳柜
四屉斗柜的收纳空间强
大，简单的线条促成了
柜子强烈的存在感。

3.浅木色地板舒缓了黑色家具和墙面之间的对比效果，让居室内的色彩氛
围更和谐。

合理规划布局，明确小卧室动线

小家精心布置之处

1.床与书桌、衣柜形成双一字形布局，定制的家具与合理的布局规划保证了小空间动线的顺畅。

2.卧室主题墙上四幅装饰画的运用，增添了趣味性，也弱化了仿古壁纸的陈旧感。

亮点 bright points

无纺布壁纸

壁纸的选材很环保，柔和的色调传递着舒爽之感。

亮点 bright points

玩偶

布艺玩偶体现了孩子的喜好，用来装饰空间幸福感浓郁。

3.壁纸与护墙板的颜色都选择了蓝色，颜色递进和谐平稳，与室内家具的颜色形成互补，呈现的色彩氛围活泼浪漫。

4.棕黄色格子图案的布艺窗帘搭配白色纱帘，是保证小卧室光线柔和舒适的关键。

2 美式 <风格
卧室的色彩搭配

清爽配色，自然营造出舒适的家居氛围

小面积的亮色，彰显主人个性

蓝色的点缀，让居室氛围清新中带有地中海韵味

白色与大地色的配色，明快中也不失美式的稳重格调

亮点 Bright points

蓝白条纹地毯
条纹图案的地毯，蓝白相间的颜色活
力满满。

亮点 Bright points

大朵花卉图案
大朵花卉图案装饰出古典美式的华美
之感。

亮点 Bright points

刷白做旧的床头柜
刷白做旧的家具极具田园韵味，兼备
了美感与功能性。

清爽配色，自然营造出舒适的家居氛围

亮点 Bright point
异形抱枕
萝卜与兔子造型的抱枕，非常有爱，装点出一个童趣满满的小卧室。

`<1`

亮点 Bright point
书架与饰品
丰富的小饰品都是孩子的心爱之物，丰富的颜色也突显了存在感。

`<2`

绿色与白色的搭配是一组十分清爽的配色，自然韵味浓郁，十分符合现代美式风格追求舒适、简洁、明快的风格特点。使用白色和绿色的组合作为卧室配色时，通常以白色作为主题色，绿色多用在部分墙面或者窗帘等布艺装饰上，因为白色更能使小空间看起来宽敞、明亮。

小家精心布置之处

1.墙面材质选择了轻薄、细腻的乳胶漆，通过明快的绿色呼应室内每个装饰细节，契合了风格特点也巧妙地制造了视觉焦点。

2.卧室没有做任何造型设计，以保留视觉的开阔性，辅以纯净的白色书桌、书柜，与背景的绿色搭配出清爽的氛围，并勾勒出自然舒适的空间调性。

小面积的亮色，彰显主人个性

亮点 Bright points

装饰软包
鹅卵石样式的软包，在整个复古风浓郁的空间，装饰出一丝现代感。

小家精心布置之处

1.床头墙运用灰色调护墙板作为装饰，直线条的修饰简单利落，软包的样式很特别，既有吸声功能，又体现出设计的用心。

2.定制的衣柜通顶设计，整体设计与硬装背景完美契合，整体感更强。

3.软装元素的颜色鲜艳、明亮，装点出一个层次丰富、华美大气的居室氛围。

　　卧室的配色思路是不能太亮、太艳，大面积的用色不要过于强烈，可以通过小面积的色彩表现使用者的喜好和品位。如女性或儿童房间，可以装饰一些色彩鲜艳的饰品、玩具或床上用品，增加活跃感，但墙面、地板、大型家具的颜色应依旧保持在舒适、适宜睡眠的柔色调中。

色彩跳跃的抱枕
抱枕柔软舒适，配色比较活跃，显得俏皮有趣。

小家精心布置之处

1.精美的墙饰点亮了卧室装饰的美感，特别挑选了高饱和度色彩的橙色与桃红色，精致的漆面与墙面陈旧的报纸形成对比，十分惹眼。

<1

搁板
从衣柜延伸设计出开放搁板，用来放置一些喜爱的读物，丰富空间内容。

墙饰
墙饰最吸引人的地方不是活跃鲜亮的色彩，而是别具一格的设计。

2.衣柜的延伸设计强化了卧室的功能性，金漆饰面的椅子是居室装饰的亮点，轻奢的色调、可爱的造型，活泼中流露出华美、贵气。

　　蓝色作为点缀色用于窗帘、床品或地毯等布艺装饰中，同时再加入大量的白色，这种配色是最具清新感的美式配色，为空间带来一丝地中海风格的自由之感。为避免配色的平淡，地面要尽量选择木地板，地板可以选择木色、棕色或深色等略带温度与厚重感的颜色，从配色到材料都能迎合美式风格的装饰特点。

小家精心布置之处

1.主卧整体以柔和的奶白色为背景色，营造出睡眠区温馨的氛围；床品选择蓝色，整体空间配色简约，蓝白搭配悠闲、明快、自然。

亮点 *Bright points*

高靠背床
高靠背床的样式虽然很
简洁，却流露出浓郁的
古典气质。

亮点 *Bright points*

铁艺墙饰
金属打造的叶
片，层层叠叠，
丰富美观。

2.白墙暖光，氛围更柔和，灯饰、墙饰的颜色略显沉稳，简单的点缀
让空间具有立体层次。

亮点 *Bright points* ·····

做旧木饰面板
实木边柜进行了做旧处理，强调
了室内的自然基调。

3.卧室的一角设计成衣橱，百叶门通风性
好，让衣物存放更省心。

白色与大地色的配色，明快中也不失美式的稳重格调

亮点 *bright points*

暗纹壁纸
壁纸的颜色淡雅清新，显得整个空间都格外清爽宜人。

小家精心布置之处

1.双色家具是卧室中的主角，白色与棕色搭配明快且不失稳重；装饰画、灯饰、地毯、抱枕等元素的色彩点缀让居室的整体配色更显和谐。

2.卧室整体以浅色壁纸作为装饰，与亮白、明快的家具颜色搭配和谐，营造出独特的家居氛围。

3.飘窗是主卧装饰的一个亮点，通透的玻璃搭配曼妙的白纱，氛围浪漫，还能达到放大空间的效果。

亮点 Bright points

棋盘
棋盘放置在飘窗上，尽显悠闲自得，岁月静好之情。

4.双色斗柜既可用来收纳一些小件衣物，还可以摆放一些精美的饰品丰富居室内容。

美式 ‹风格
卧室的材料应用

3

白色墙裙，打造清爽、舒适的卧室

颜值高、性能优的复合木地板轻松营造温馨氛围

纯色墙漆，轻松营造出卧室的安宁氛围

白橡木可在小卧室中随意搭配

亮点 *Bright points*

复古纹样壁纸
蓝色调的壁纸让空间显得丰富而不单调。

亮点 *Bright points*

石膏线
简单的石膏线装饰在白墙上，简单大方、层次简约，正是现代美式风格居室的格调。

亮点 *Bright points*

实木地板
地板的颜色沉稳内敛，让浅色调的空间色彩层次明快而柔和。

白色墙裙，打造清爽、舒适的卧室

<1

亮点 Bright points

美式插花

搪瓷花器搭配精美的花卉，精致唯美。

小卧室内运用白色护墙板作为墙面的装饰无疑是最好的选择，既可以大面积的运用，又可以局部使用，它是现代美式风格里的一种比较常见的装饰材料。

小家精心布置之处

1.白色护墙板搭配蓝白格子图案的壁纸，营造清爽、明快的美式居室。

2.衣柜与门板延续了护墙板纯净的白色，营造出无压、舒适的生活氛围。

<2

颜值高、性能优的复合木地板轻松营造温馨氛围

　　复合地板的使用率极高，丰富的色彩，稳定的性能是其他装饰地材所不能媲美的。在美式风格的卧室中，地板的颜色以浅棕色、木色或浅木色为宜，这一类颜色的地板深浅适度，让后期家具搭配更轻松，其清晰的纹理加上温润的色泽也十分符合现代美式风格的装饰要求。

小家精心布置之处

1.软包床与布艺窗帘的颜色形成呼应，也强调了现代美式风格居室高级、时尚的视感。

2.木地板为居室增添了无限暖意，温和、淳朴的色调，明亮的光线洒在地板上，极富质感。

<1

自制干花

将自制的干花装进玻璃器皿中，装饰效果丰富而不单调。

3.床品的运用让这个配色简洁的空间有了一份柔美之感，暖色的灯光更是营造出浓郁的温馨氛围。

纯色墙漆，轻松营造出卧室的安宁氛围

乳胶漆的装饰效果极佳，施工十分方便，是家庭装修中最常用的装饰材料。现代美式风格卧室中墙面采用乳胶漆作为装饰，素色乳胶漆的装饰效果要好于纯白色。素色的乳胶漆能够营造出一个清爽、淡雅、宁静的空间氛围，如米白色、浅蓝色、浅绿色等这些高明度、低饱和度的颜色都属于素色，十分适用于小卧室中。

小家精心布置之处

1.主卧墙面采用纯色乳胶漆作为装饰，搭配简单的白色木质线条，简洁明快，使小空间不显局促。

中式工笔画
细腻的笔锋彰显了中
华文化的博大精深。

<2

2.定制的衣柜采用推拉门设计，省去平
开门的回旋空间，白色饰面缓解了通顶
柜体的压迫感，让居室拥有更多的收纳
空间。

暖色抱枕
砖红色的抱枕带有简化的中式纹
样，营造出混搭之感。

白橡木可在小卧室中随意搭配

　　白橡木的表面呈乳白色，纹理清新、鲜明，用来装饰美式风格的小卧室，所营造出的清爽、干净、自然的视觉感是其他装饰材料所不能及的。木材表面呈乳白色，大面积使用也不会使小空间产生压抑感，能满足各种设计需求。

小家精心布置之处

1.壁纸为卧室打造了一块不可或缺的绿色，同时搭配了白色饰面板，更显自然、随性。

2.床品、地毯、窗帘、壁纸、灯饰等软装元素的搭配运用，从颜色到图案都彰显出美式生活居室对自然元素的热爱。

亮点 Bright point

车边银镜
镜面让居室拥有良好的扩张感，简洁利落的视感很强烈。

<1

亮点 Bright point

印花壁纸
清新的植物图案，精美逼真，为房间营造出一块绿色空间，呈现出优雅的氛围。

<2

<3

3.卧室为无主灯设计，顶面四周以筒灯作为主照明，搭配暖色灯带，使灯光效果非常柔和，床头两侧及窗前分别配置了台灯和落地灯，让局部照明更加实用。

4.大面积的飘窗，提升了居室的通透感，缓解了低饱和度配色的沉闷感。

亮点 *Bright points* ....

复古落地灯
暖色调的灯光将暖意带入室内，增添了屋里的怀旧气息。

<4

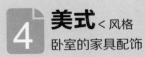

美式 < 风格
卧室的家具配饰

小卧室的灯光搭配，简洁实用即可

白色漆家具彰显美式田园的美感

植物图案的布艺元素，让卧室的自然气息更浓郁

健康环保的选材，创造出优雅复古的美感

亮点 *Bright points*
白色百叶柜门
样式简洁大方，层次丰富，具有一定
的透气性。

亮点 *Bright points*
绿色乳胶漆
绿色乳胶漆装饰床头墙，搭配灰色调
的家具，营造出现代美式家居的优雅
氛围。

亮点 *Bright points*
文竹
文竹是婚姻幸福甜蜜，爱情地久天长
的象征，适合摆放在婚房中。

亮点 *Bright points*

装饰画
平静的海面呈现在画框
中，宁静而令人神往。

小卧室的灯光搭配，简洁实用即可

小家精心布置之处

1.小卧室给人的第一印象
是安逸而又自然，床头两
侧对称摆放了台灯，柔和
的暖光，创造出优雅且充
满质感的空间氛围。

2.样式简单的实木小边
柜，既有收纳功能又有装
饰功能，提升小卧室的居
住舒适度。

3.卧室的一角摆放了小书
桌，用来作书桌或梳妆台
都可以。

　　灯光是营造室内温馨氛围的有效手段，卧室是一个十分私密的空间，对于光线的要求除了
应易于睡眠，还应通过灯光的布置起到减压的作用。小卧室中的灯光搭配不需要太过于烦琐，
简约造型的吊灯或吸顶灯就可以满足日常起居需求，床头两侧可以摆放两盏暖光的台灯，用于
睡前阅读和渲染卧室空间的氛围。

白色漆家具彰显美式田园的美感

亮点 Bright points

衣柜

小房间中衣柜选择白色，非常合适，没有压抑感。

<1

<2

小家精心布置之处

1.卧室以浅色为背景色，塑造出清爽、简约、利落的线条感；白色饰面的衣柜田园气息浓郁，同时也弱化了大型柜体的存在感。

2.宽大的落地窗，使卧室采光充足，搭配灰色调的布艺窗帘，与软包床的颜色形成呼应，营造出更加时尚、舒适的视觉效果。

亮点 Bright points

浅灰色窗帘

浅灰色的窗帘为居室增添了一份现代感。

亮点 bright points

水波窗帘
水波窗帘是营造浪漫氛围的最佳装饰，搭配上复古的流苏，层次更丰富。

小家精心布置之处

1.床与飘窗相连并保持相同高度，拉起视线的平衡感，大量布艺元素的填充，提升舒适度。

亮点 bright points

小鹿摆件
洁白纯净的小鹿，摆放在造型别致的搁板上，会显得更加精致。

2.柱腿式的白色书桌，坚实耐用，搭配灰色调的背景色，以及暖光台灯、饰品摆件等元素的点缀，营造出舒适轻松的氛围。

植物图案的布艺元素，让卧室的自然气息更浓郁

　　植物是最能营造空间自然氛围的装饰元素，但是卧室中植物的摆放有着诸多不便，所以在美式风格的卧室内，窗帘、床品、地毯等布艺元素的装饰图案常选用植物图案，利用布艺中的植物元素来营造自然氛围，效果也更柔和、舒适。

小家精心布置之处

1.床品、窗帘等布艺元素的花色清爽舒适，大量的植物图案让简约的居室有了浓郁的自然气息，也突显了美式风格居室"无花不美"的风格特点。

2.将主卧中阳台入口处进行整合，打造了一整面墙的衣柜，可以满足整个居家生活的衣物收纳需求，白色柜体结合宽大的落地窗，具有放大空间的视觉效果，洁净明亮。

<1

<2

矿灯式台灯

以矿灯为设计原型设计的台
灯，为整个细腻的空间带入
粗犷的复古美感。

亮点 Bright points

葫芦造型台灯

精致的陶瓷底座设计成葫芦
造型，增添了趣味性。

3.白色作为卧室的主色调，营造出简洁美
观的空间氛围，给人带来无压感，更符合
卧室的功能性。

健康环保的选材，创造出优雅复古的美感

亮点 *Bright points*

土黄色窗帘
窗帘不仅有遮光性，颜色的选择也让色彩更显平衡。

小家精心布置之处

1.卧室以蓝色和白色作为背景色，呈现出清爽、雅致的视觉效果，整体空间没有做过多的装饰造型，而是利用家具及布艺来营造装饰效果。

亮点 *Bright points*

植物与花器
精致的花艺很有现代感，粗糙的器皿与花艺搭配保持视觉平衡。

2.床头柜上随意摆放了一盏台灯、闹钟及装饰绿植，别致且具有悠闲气质。

3.实木家具是卧室装饰的亮点，简洁的
外形，环保的选材，从细节上提升了整
个空间的品位。

亮点 Bright points

果品与书籍
鲜果与杂志一同被收纳在竹制框中，
安逸舒适，增添了趣味性。

5 美式 <风格
卧室的收纳规划

化劣势为优势的收纳柜

开辟阳台，增添居室收纳空间

确保动线畅通的收纳规划

亮点 *Bright points* ┈┈┈┈┈┈┈

收纳柜
原木色的收纳柜，空间很大，可以用
来收纳一些小件衣物。

亮点 *Bright points* ┈┈┈┈┈┈┈

卷草图案壁纸
丰富细腻的卷草纹，使空间显得丰富
而不单调，增添室内的自然韵味。

亮点 *Bright points* ┈┈┈┈┈┈┈

手绘家具
在家具上绘制图案，是乡村美式家具
的经典之处，搭配做旧的擦漆饰面，
自然质朴之感油然而生。

亮点 Bright points
田园系插花
田园系的插花以细小的花朵为主，搭
配一点绿叶，自然气息浓郁。

小家精心布置之处

1.在卧室中利用墙体结构打造了可
用于收纳的装饰柜，通过搁板的简
约线条和富有艺术感的物件，装点
出丰富、唯美的空间氛围。

2.为了不占用宝贵的空间，电视柜
与梳妆台的样式简单，灵活可移动
还能保证基本使用功能。

　　定制家具不光能弥补畸形户型的不足，还能为居室提
供更多的收纳空间，将劣势化为优势。例如，将小卧室的
一侧墙面打造成收纳柜，可以设计成内嵌样式的柜子，这
样不显突兀又能将畸形角落掩盖。

开辟阳台，增添居室收纳空间

小家精心布置之处

1.床头墙运用木饰面板作为装饰，暖意十足，也加强了居室内家具与白墙的过度的平稳性。

亮点 Bright points

烟熏木饰面板

木质面板经过处理，色泽更显丰富的纹理……显，自然气息……

<1

亮点 Bright points

壁龛与收纳柜

柜子的一侧设计成壁龛，丰富了层次与美感。

2.阳台部分也设计了可用于收纳的柜子，可以加大收纳空间又能丰富墙面造型；阳台与卧室之间用质地轻盈的布艺窗帘作为间隔，使用更有弹性，也降低了居室装修的成本。

<2

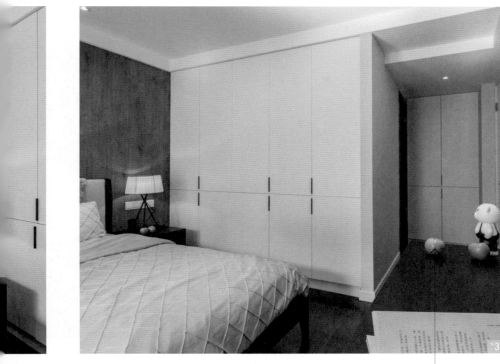

‹3

亮点 *Bright points* ....

青苹果

两颗被随手放置在桌面上的苹果，增添了这个简约空间的生活气息。

3.将入门处的零散角落规划出小巧的半套式更衣室，关上门时为普通衣柜，打开后，则能利用门板后的穿衣镜进行更衣打扮。

4.与床头柜成套搭配的收纳柜，沉稳的配色提升了浅色系空间的色彩层次。

.... 亮点 *Bright points*

收纳柜

黑漆饰面的柜子在这个以浅色调为主的房间里极具存在感。

‹4

56

确保动线畅通的收纳规划

四柱床
四柱床不仅选材精致，
还能为居室带入一份童
话般的浪漫之感。

<1

<2

小家精心布置之处

1.飘窗的设计弱化室内沉稳的配色，浅色墙面
搭配通透明亮的玻璃，视感更开阔。

2.卧室家具的选材统一，衣柜被设计成推拉
门，更节省空间，平时关上门时，整个空间非
常具有整体感。

亮点 Bright points

现代美式台灯
样式简洁，光线明亮，展现出古典艺术
的审美情趣。

书 房

1 美式 <风格
书房的布局规划

化墙体为柜体，弥补狭长形书房的弊端

不设任间隔，保证开放式空间的视野

双一字形紧凑布局，提升舒适度

整合功能，将阳台改造成专属书房

亮点 Bright points ....
一字形书桌
书柜与书桌连体，采用一字形搁板制
作而成，节省空间，保证功能性。

亮点 Bright points ....
玻璃收纳柜
玻璃柜门比传统木质柜门的视觉效果
更通透，搭配上白色木质框架，更有
层次感。

亮点 Bright points ....
吊灯
顶棚板上悬挂着一顶创意独特的吊
灯，样式造型简约而复古。

小家精心布置之处

1.书房的规划很紧凑，充分利用了结构特点来量身定制了搁板，并预留了钢琴的位置；让书房的整体性更强；搭配一些收纳篮可以让收纳看起来更加整齐。

亮点 *Bright points*
手工编织收纳篮
开放的搁板与收纳篮的组合运用，让收纳更规整。

化墙体为柜体，弥补狭长形书房的弊端

<1

不设任何间隔，保证开放式空间的视野

若客厅的面积较大或过于狭长，可以考虑改变一下沙发的位置，利用多出来的面积开辟出一个用于学习、工作的小角落。为了保证空间整体的通透性，不让空间显得局促，可以不设任何间隔，仅以沙发作为两个区域的划分，这样可以保证两个区域都能拥有良好的采光，也让空间的动线更加流畅。

小家精心布置之处

1.书桌上零零落落地摆放了一些文具和灯饰，呈现出一派自由随性的视感。

2.书房与客厅相连，沿墙设计的书柜，让视觉可以区分功能空间，不影响整体空间的开阔性，营造出舒心宽敞的空间氛围。

亮点 Bright points

组合装饰画

将喜欢的画品装饰在墙上，可以增加墙面的活力，显得生动有趣。

亮点 bright points

飞机灯

将书房的吊灯做成飞
机样式，让小书房的
乐趣倍增。

<1

亮点 bright points

装饰画

装饰画的图案也是飞
机，足以彰显主人的
喜好。

<2

小家精心布置之处

1.书桌与单人床形成双一字形布
局，两者之间的距离保证了书桌
使用的舒适度，家具布置紧凑却
不拥挤。

2.小单人床可以用作在学习或工
作之余休息小憩的区域，造型
简约大气，配上色彩柔和的布
艺饰品，温馨又舒适。

双一字形紧凑布局，提升舒适度

整合功能，将阳台改造成专属书房

亮点 Bright points

柱腿式书桌
柱腿造型给人的感觉坚实耐用。

小户型想要拥有书房可以从阳台的布置规划入手，利用不同的家具摆设，使两者融为一体，实现两种功能的合理搭配与完美转换。阳台改造书房时，要格外注重书房的功能性，为保证书房私密性需注重隔断设计，实现书房专属区域，营造视觉上的通透感，还能增大空间。

小家精心布置之处

1.将阳台的飘窗与书桌整合在一起，节省了不少空间，实现了小居室拥有独立书房的愿望；定制的简约书柜与传统美式柱腿家具组合在一起，更显别致。

小家精心布置之处

1.将阳台并入书房后，提升了书房使用的舒适度，飘窗与定制的书柜也为居室生活提供更多的收纳储物空间。

大飘窗等于榻榻米
飘窗被加大后就成了榻榻米，提升居室舒适性与美观度。

2 **美式** ‹风格
书房的色彩搭配

通过配色，为工作减压

绿色与大地色的组合，平添小书房的自然韵味

利用白色的衬托，使书房更显利落

亮点 *Bright points* ·············

暖黄色灯带

暖黄色的灯带提升了柜子的美感，突显了柜子中藏品的存在感。

亮点 *Bright points* ·············

浅咖啡色壁纸

墙面壁纸选择了浅咖啡色，与白色顶面搭配得十分协调，既有层次又富有柔和之感。

亮点 *Bright points* ·············

绿色收纳凳

既能用来收纳还能由来代替椅子，功能性齐全，明艳的绿色更是居室内不可或缺的装饰亮点。

61

书房色彩营造的环境氛围应该是舒适、宁静但不过于放松的，美式风格的小书房中可以以低纯度、高明度的蓝色或棕色系为主色调，这两种色系都有调节情绪的作用，再搭配一些别致的装饰摆件或充满生机的绿植，能够起到减压和降低枯燥感的作用。

通过配色，为工作减压

小家精心布置之处

1.书柜的外形设计得十分别致，美式的浪漫与现代简约的时尚感相结合，空间简洁却不显单调。

2.墙面采用柔和唯美的浅豆沙色乳胶漆进行装饰，配上深色实木家具，给人呈现的视觉效果十分减压。

← 亮点 Bright points

白色实木雕花
刷白处理的雕花隔断，弱化了雕花的烦琐，丝毫没有压抑感。

62

绿色与大地色的组合，平添小书房的自然韵味

●亮点 Bright points

金边吊兰

金边吊兰的美感很有立体感，适应性强，还是净化空气的小能手。

小小精心布置之处

1.书房中家具的颜色选择绿色，让居室充满田园系的自然感，搭配米黄色的乳胶漆、棕黄色的木地板，整体又多了一份淳朴之味。

<1

大地色给人的感觉沉稳而厚重，能够彰显出乡村美式风格质朴、内敛的美感。小书房中可以选择木色、米色、浅棕色这些浅色调的大地色，既能保证质朴的美感，还不会因为厚重的颜色令小空间产生压抑感。绿色与大地色作为书房配色，可以大地色为背景色，用于墙面、地板；绿色用在家具、窗帘等软装饰上，自然韵味浓郁，为居室环境带来盎然生机。

亮点 Bright points

创意吊灯

几何样式的金属框架中有一顶钨丝吊灯，光影层次更丰富。

<1

小家精心布置之处

1. 传统美式书房中窗帘及抱枕等布艺元素与墙面乳胶漆的颜色相呼应，淡淡的豆绿色为书房带来浓郁的自然之感，再配上木色地板与深棕色家具，色彩过渡和谐，绿色与大地色系的组合运用，创造出一种随性舒适的生活氛围。

亮点 Bright points

标本画

将自己喜爱的物件做成标本装饰画，别有一番美感。

亮点 Bright points

布艺抱枕

自然元素与自然的颜色都被运用在抱枕上，柔软舒适，自然清爽。

亮点 Bright points

书签与玻璃器具

将写好的书签存放在玻璃罐中，也是一种纪念美好生活的方式。

63

利用白色的衬托，使书房更显利落

红色硅藻泥
整面的白色书柜与白色吊顶调和，让红色并没有产生沉闷感。

<1

采光条件好的书房，配色可以大胆一些，例如亮白色的墙面搭配暗暖色地面，使整个空间明亮、开阔，在亮白色的衬托下，地板和家具的颜色会非常突出，给人的整体印象十分的利落，且不会因为大面积的暗暖色而产生压迫感或紧凑感。

小家精心布置之处
1.良好的采光让书房的配色很大胆，浓郁的红色墙面在白色顶面及家具的衬托下并没有显得沉闷或不适，深浅颜色的对比反而使美式书房有了现代居室明快、利落的美感。

2

2.大面积的柜体满足了书房的收纳需求，使得丰富的藏品成为书房中的装饰焦点。

亮点 Bright points
美式老虎椅
椅子的样式宽大舒适，柔和的色调
与室内其他元素搭配得更和谐。

亮点 Bright points
文具饰品
书桌上零散摆放的工具，既是学习
用品也可以用于日常把玩。

3 美式 < 风格
书房的材料应用

窗帘材质决定书房光线的舒适度

以素色壁纸营造轻盈的空间感

刷白处理的木质百叶让小书房温馨明亮

亮点 *Bright points* ·········

纯毛地毯
地板的样式虽然经过简化，但还是为整个古朴的居室增添了一份暖意与舒适之感。

亮点 *Bright points* ·········

木质护墙板
护墙板是美式居室中的经典装饰元素，可以根据室内配色需求选择涂刷各种颜色。

亮点 *Bright points* ·········

纯纸壁纸
纯纸壁纸的花色清晰自然，不需要复杂的装饰设计就能提升居室美感。

亮点 Bright points
白纱遮光帘
经过白纱帘的过滤，让射入屋内的阳光更柔和。

`<1`

亮点 Bright points
环形铜质吊灯
全铜的材质展现出一种绝美的质感，复古的外观使其具备了独特的韵味。

小家精心布置之处

1.厚重的遮光帘与轻飘的白色纱帘，组合运用，光线调节更加自如；浅色白纱也弱化了深色家具的厚重感，使整个书房的氛围更舒适、自如。

书房对光线的要求较高，主要是考虑到光线对人视力的影响。通常会将书桌放置在窗前，以保证光线的舒适性，书房中窗帘材质的遮光度也应是重点考虑的因素，遮光效果好的窗帘能保证书房空间光线的舒适性。

以素色壁纸营造轻盈的空间感

肚式书桌
古典的样式，精致的雕花和高品位的设计都让书桌有很强的存在感。

小家精心布置之处

1.书房空间装饰布局十分简单，一切以舒适为前提，墙面运用素色壁纸作为装饰，再搭配深色实木地板，更显典雅大气。

亮点 Bright points
搁板
错落搭配的搁板，不仅增添了墙面的层次感，刷白的表面也体现出居室内的田园格调。

　　壁纸是一种装饰效果极佳的材料，在小空间内壁纸的颜色及图案应以素净、简洁为主，这样避免在视觉上产生混乱感。美式风格空间十分钟情于碎花、斑点或条纹等图案的壁纸，若书房采光良好，则对壁纸图案的要求并不严格，若书房采光不好，则建议选择没有任何图案的纯色壁纸。

2.利用顶面横梁的位置定制了书柜，白色柜体更显轻盈，不会破坏整个书房的色彩搭配，简洁的造型搭配考究的选材，体现出美式家具的精致品位。

亮点 Bright points

热熔玻璃

热熔玻璃很有立体感，搭配白色饰面，复古风浓郁。

<2

刷白处理的木质百叶让小书房温馨明亮

小家精心布置之处

1.书房面积不大但有明窗，显得十分难得，搭配刷白的木质百叶窗，光线调节更灵活舒适，在色彩上也与空间的浅色背景搭配协调，让小书房简洁且也不失复古的精致品位。

2.书房与客厅相连，不设间隔，两个区域的自然光线得以延伸，避免了小书房的闭塞感。

小家精心布置之处

1.窗前放置了一张休闲椅,增添了书房内的休闲气息。

2.落地窗上配置了白色百叶窗,同时也搭配了粉嫩飘逸的窗帘,一切以舒适为前提,用软装的布置营造出一个温馨、浪漫的空间氛围。

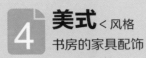

美式 < 风格
书房的家具配饰

纤细轻盈的铁艺家具，为小书房"瘦身"

简化的水晶吊灯，轻松营造文艺复古的轻奢美式格调

柱腿式实木家具，突显传统美式风格的古朴韵味

亮点 *Bright points* ·····
实木斗柜
斗柜的样式简单，搭配上做工考究的
五金配件，复古的美感传递出古典家
具的精致特点。

亮点 *Bright points* ·····
实木线条
在书房的顶面装饰有深色实木线条，
简洁的搭配，呈现出明快而丰富的层
次感。

亮点 *Bright points* ·····
仿动物皮毛地毯
仿牛皮纹的地毯，粗糙而富有温度，
传递出乡村美式的粗犷格调。

亮点 Bright points

铁艺床
充分利用了铁件的坚实性与可塑性，铁艺床的造型及纹样很精致，纤细的样式也不用担心不结实。

67

纤细轻盈的铁艺家具，为小书房"瘦身"

小家精心布置之处

1.书房也是儿童房，为了迎合孩子的兴趣爱好，房间陈设简洁可爱，彩色动物图案的布艺元素，让空间更有童趣。

2.小房间中为了增添使用功能，放置了一张样式简洁，纤细流畅的单人床，既可满足留宿需求又不占空间。

亮点 Bright points

布艺玩偶
儿童喜爱的色调与花纹图案，让布艺玩偶看起来十分丰富。

68

简化的水晶吊灯，轻松营造文艺复古的轻奢美式格调

<1

　　水晶灯是一种颜值很高的灯饰，现代美式风格居室中水晶灯的造型有所简化，不会像欧式水晶灯那样华丽、炫目。层高允许的小书房中，用一盏造型简约又不失美感的水晶灯作为主照明，轻松营造出文艺复古的轻奢美式格调。

小家精心布置之处

1.书柜与书桌采用的是双一字形布局，一前一后，平行布置，保持顺畅的动线；整墙打造的柜体，满足书房收纳需求的同时，又与墙面的蓝色乳胶漆形成鲜明对比，让人眼前一亮。

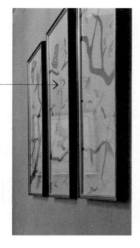

水粉画
装饰画组合搭配，呈现出一派鸟
语花香的氛围。

亮点 *Bright points* ·······

绿植
用造型简约的玻璃器
皿搭配绿植，花器的
挑选很注重与植物搭
配的平衡感。

2.卧室墙面运用了浅蓝色乳胶漆与
白色实木线条进行装饰，搭配深色
美式书桌和灰色调布艺座椅，给人
一种沉静且不失明快的感觉。

<2

柱腿式实木家具，突显传统美式风格的古朴韵味

柱腿式实木家具可称得上是美式家具中的经典之作，家具的腿足呈柱状，没有大面积的雕刻和过分的装饰，更讲究格调和舒适性，材质一般以胡桃木和枫木为主，给人一种坚实、稳固之感。在美式风格的书房中，摆放一张柱腿式实木书桌和一张精致的沙发座椅，材质温润的质感与清晰的纹理，突显出传统美式风格家具的古朴韵味与精致的生活理念。

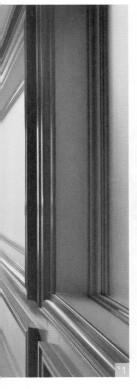

吊灯

轮廓清晰的外形，体现出明快的美式之风，与略带复古风格的空间自然地融合在一起。

小家精心布置之处

1.搁板构成的嵌入式书柜，让拿取和查找书籍更方便，陈列在搁板上的书籍及饰品也丰富了书房的内容与层次。

玻璃推拉门

磨砂玻璃搭配木质框架，朦胧透光，美观大方。

2.柱腿式的书桌与椅子，彰显了古典美式家具坚实沉稳的外形特点，古朴的样式、精致的选材，从细节上提升了居家品质。

3.磨砂玻璃推拉门透光却不乏私密性，让小书房与其他空间完美分隔，创造出一个舒适、安逸的读书、工作的空间。

5 美式 ‹风格
书房的收纳规划

是壁炉也是收纳柜

定制书柜，节约空间，保证收纳

利用结构特点，打造壁龛式书柜

亮点 *Bright points*

转角书桌
转角式设计可以将空间充分利用，也增添了不少的收纳空间。

亮点 *Bright points*

装饰镜面
镜面作为收纳搁板的背景板，让小空间看起来更有层次，更宽敞明亮。

亮点 *Bright points*

灯带
暗藏于收纳柜下的灯带，在视觉上使柜体更有层次，也更显轻盈。

70

是壁炉也是收纳柜

亮点 Bright points

糖果的幸福感
口味丰富的糖果装在透明玻璃罐中，劳累之余吃上一颗，也是一种解压的方式。

<1

小家精心布置之处

1.独立的小书房拥有明窗，洁净的浅米色与白色为主色，被大面积地运用，让小书房看起来非常宽敞、明亮。

2.电子壁炉可以用来取暖，也是居室内极富特色的装饰元素，左右分别搭配了可提供收纳功能的搁板，完善室内功能，提升设计层次。

亮点 Bright points

收纳柜与壁炉
收纳柜是壁炉的延伸设计，左右对称，带来视觉平衡的美感。

<2

定制书柜，节约空间，保证收纳

　　收纳空间越多越好，因为物品会随着居住时间逐渐变多，想要增加书房的收纳空间，通过定制的方式将一整面墙作为柜体，每一层层架根据不同需求打造成不同样式大小的格局，方便不同体积、不同类型的物品都能有自己很好的容身之处，提升小书房的整洁度。

小家精心布置之处

1.复合样式的书柜可以满足多重收纳需求，白色压膜板与黑色背景形成鲜明的色彩对比，体现出现代美式风格居室简单而美好的氛围。

亮点 *Bright points* ·············

街景装饰画
将卫星地图打印后装裱成画，很富有
创意的一种装饰手法。

亮点 *Bright points* ·············→

布艺窗帘
窗帘的颜色明快，
搭配白纱更显清爽
秀气。

亮点 *Bright points* ·········

手工花
手工花用一只精致的陶瓷
罐来盛放，展示自己的劳
动成果也是一种自信向上
的表现。

亮点 *Bright points* ·········

蚂蚁装饰画
蚂蚁象征着智慧，用
在书房中很有寓意。

2.空余墙面采用淡蓝色乳胶漆与白
色实木线作为装饰，书桌则采用了
美式居室最常见的深色，整体给人
的感觉精致、耐看。

72

利用结构特点，打造壁龛式书柜

亮点 Bright point

壁龛式书柜
嵌入式壁龛书柜，为庞大的钢琴节省出空间，彰显了前期规划的重要性。

<1

<2

小家精心布置之处

1.整墙规划的书柜为避免产生压抑、沉闷之感，通体选择了白色，搭配上丰富的书籍和藏品，大大提升了居室内的艺术氛围。

2.灰色的木地板一直从客厅延伸至书房，增添了视觉延伸性，折叠门节省了开关门时的回旋空间，弱化了小书房摆放大钢琴的尴尬局面。

厨 房

1 美式 < 风格
厨房的布局规划

折叠门节省小厨房空间

利用墙体规划，打造更多收纳空间

双一字形规划，改善短粗型厨房

亮点 *Bright points* ┄┄┄┄┄┄┄┄┄┄┄┄

U形台面
U形台面布局大大提升了小厨房的使用率，虽小却不显紧凑。

亮点 *Bright points* ┄┄┄┄┄┄┄┄┄┄┄┄

实木顶角线
实木线条与橱柜相连，错层的样式与平面石膏板衔接自然，简约而唯美。

亮点 *Bright points* ┄┄┄┄┄┄┄┄┄┄┄┄

集成橱柜
橱柜不仅将电器收纳其中，还充分考虑了室内结构，很好地拉齐了空间视线。

亮点 Bright points ......
折叠门
折叠门开关时回旋空
间小，用在狭窄的空
间很合适。

厨房与阳台相邻，最重要的规
划目的是让两个小空间看起来都
不会显得太过拥挤、压抑。采用灵
活的折叠门来分隔厨房与阳台，有
需要时，门可以完全折叠起来，灵
活又不占用空间，当门完全拉开又
能拥有两个独立的空间，这一点是
推拉门不能实现的。

小家精心布置之处

1.将阳台改造成烹饪区，为小厨房曾容不少，
烹饪与备餐动线顺畅，也避免了原厨房过于狭
小的尴尬。

2.折叠门将备餐区与烹饪区分隔，关上门后，
备餐区可作为餐厅或休闲角独立存在。

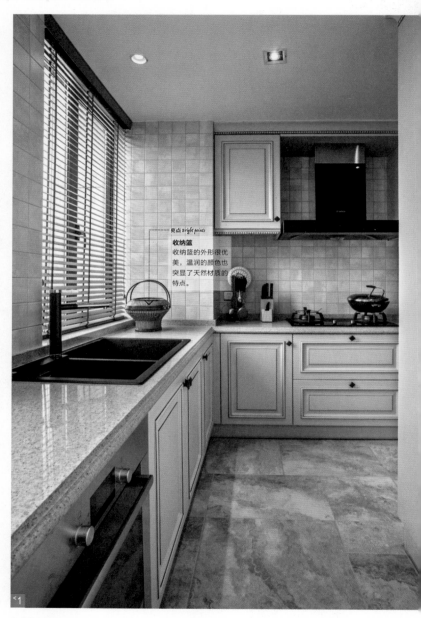

77

利用墙体规划，打造更多收纳空间

亮点 Bright points

收纳篮

收纳篮的外形很优美，温润的颜色也突显了天然材质的特点。

<1

小家精心布置之处

1.橱柜的功能布局搭配合理，从洗菜到备餐再到烹饪一气呵成，合理的规划能有效提升工作效率。

2.L型布局的厨房，并没有改造入门处的墙体结构，而是依墙打造了收纳柜，大大提升了厨房的储物空间，且不影响出入厨房的顺畅。

亮点 Bright point

收纳柜
整墙规划的收纳柜，弱化了墙体的存在感与压迫感。

<2

双一字形规划，改善短粗型厨房

短粗型厨房适合采用双一字形规划方式，将厨房工作区沿两对侧墙面布置，形成储物区——备餐区——烹饪区的双一字形排列，动线畅通，中间的备餐区缩短了储物区与烹饪区的直线距离，灵活性强还能提升烹饪效率。

亮点 Bright points ····················

仿真绿植
仿真绿植被半插在玻璃瓶中，为空间内提供一处绿色风景。

小家精心布置之处

1.厨房以白色为主色调，以此放大小厨房的空间感，适当地搭配了一些黑色、绿色呈现的视觉效果也明快了许多。

2.厨房与餐厅之间的间隔运用了推拉门作为间隔，宽大的垭口保证了推拉门拥有足够的回旋空间，同时也保证走道的宽度，让出入更方便。

2 美式 ‹ 风格
厨房的色彩搭配

暖色的包容，让小厨房温馨、简洁

浅绿色为主题色，彰显美式田园的自然韵味

暖光能让白色小厨房更显舒适、干净

亮点 *Bright points* ·······

条纹布艺窗帘
绿色与白色组成的格子条纹，装点出
清爽舒适的自然空间。

亮点 *Bright points* ·······

仿真麦草
仿真麦草装饰在厨房中，点缀出清爽
宜人的色彩层次，也将自然之风带入
室内。

亮点 *Bright points* ·······

白色人造石
白色人造石台面介于深色橱柜之间，
让室内的配色一下变得非常明快，层
次分明，看起来更加整洁、干净。

暖色的包容，让小厨房温馨、简洁

亮点 Bright points

八角吸顶灯
吸顶灯易擦拭，用在厨房中很方便打理，复古的八角造型虽小但却有很强的存在感。

亮点 Bright points

白色纱帘
白色纱帘用来遮挡室内强光，让拥有明窗的厨房氛围更舒适、安逸。

亮点 Bright points

黑白装饰地砖
采用对角拼贴的地砖层次很丰富，加上黑白撞色的组合，更显明快。

小家精心布置之处

1.黑白撞色的地砖是厨房中最抢眼的装饰，墙面乳胶漆及橱柜都选择了暖暖的米黄色，有效地调和了黑白两色强烈的对比，让厨房的色彩氛围趋于和谐、舒适。

浅绿色为主题色，彰显美式田园的自然韵味

焦点 article point

田园系橱柜
做旧处理的橱柜搭配绿色漆面，体现出自然系家具的魅力。

小家精心布置之处

1.绿色橱柜是厨房中的绝对主角，搭配棕黄色色调的地砖，不仅展现出美式田园风格的自然之美，还为居室带入一份朴实无华的美感。

小家精心布置之处

1.阳台改造后扩大了厨房的使用面积，自然采光更充足。

暖光能让白色小厨房更显舒适、干净

　　干净整洁的书房能提升烹饪者的兴趣和生活品位，小厨房中以白色系、暖色系为最佳。厨房中若选用以白色为主色，可以选择暖色灯光与其搭配，无论是白色橱柜还是墙面，在暖色灯光的映衬下都会呈现舒适、干净的效果；暖光与白色操作台的组合也能让食物外观更加诱人。

亮点 Bright point

浅咖啡色布艺窗帘

黑色修边搭配浅咖啡色布艺，精致而又富有层次感。

小家精心布置之处

1.厨房的窗台与台面设计为一体，拓宽了空间，让厨房看起来更大。

3 **美式** < 风格
厨房的材料应用

白色台面让小厨房看起来更显洁净

适合明厨的亚面砖

亮点 Bright points

仿古砖
斑驳而复古的砖体，将乡村美式风格
的乡土气息展现得很完美。

亮点 Bright points

铁艺隔断
金属线条被打造成精致流畅的植物样
式，为铁艺增添了一份自然感。

亮点 Bright points

实木线条
白色顶面中搭配实木线条，简约大方的
样式，质朴中却也不失层次感。

白色台面让小厨房看起来更显洁净

亮点 Bright points

仿真绢花
仿真马蹄莲做得很逼真，插入玻璃瓶中，清爽而精致。

小家精心布置之处

1.经典的美式橱柜样式简洁大方，搭配了精致的陶瓷把手，顿时复古情怀满满；防滑地砖的颜色成为室内装饰的一个亮点，与橱柜搭配和谐，质朴中带有清爽之感。

亮点 Bright points

白色人造石台面
白色人造石台面品质
细腻，与白色橱柜无
缝相接。

<1

适合明厨的亚面砖

带窗的厨房中，墙面可以选择用亚面墙砖
进行装饰，遇到强光也不会产生反射，对人的
视力有一定的保护作用。特别是在美式风格的
厨房中，选择不同颜色的砖体穿插使用，装饰
效果十分丰富。

小家精心布置之处

1.厨房拥有宽大的窗户，室内光线
十分充足，墙面采用了吸光性强的
亚光砖，可以避免强光反射，让人
产生不适。

2.红蓝色调的墙砖很有乡村美式的韵味，与经典的
白色美式橱柜搭配在一起营造出活泼的氛围，点亮
了缤纷的美式空间。

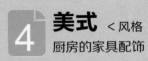

美式 ＜风格
厨房的家具配饰

实木橱柜，彰显传统美式格调

精致的五金配件，也可以展现风格特点

亮点 Bright points ....

装饰绿植

在墙壁的空闲处悬挂了一株精美的绿植，为厨房融入自然之情。

亮点 Bright points ....

雕花铝扣板

铝扣板光滑洁净，四角装饰的复古雕花，美感倍增。

亮点 Bright points ....

艺术花砖

以欧式花纹为图案的装饰花砖，勾勒出室内最精致、华美的视感。

81

在传统美式风格的厨房中，美观而实用的整体实木橱柜可谓是厨房中的装饰焦点。实木温暖的原木质感、自然清晰的纹理，本身就带有无可挑剔的装饰效果，彰显出传统美式风格的格调与内涵。

实木橱柜，彰显传统美式格调

小家精心布置之处

1.美观大气的实木橱柜很有美式居室的沉稳格调，米白色人造石台面介于橱柜之间，丰富空间色彩层次。

2.台面上丰富的物品，让烹饪生活更加丰富多彩，氛围也更活跃。

82

精致的五金配件，也可以展现风格特点

亮点 *Bright points*

白色整体橱柜
橱柜的样式简约大方，搭配黑色金属把手，从细节上提升整体空间的品位。

亮点 *Bright points*

玻璃器皿
茶色玻璃罐样式很简单，能用作收纳也可作为装饰摆放。

现代美式风格的小厨房中，选择白色橱柜来装饰厨房，能有效弱化小空间的紧凑感，视感更加整洁、干净。此外，由于厨房是个多污渍、多油烟的场所，因此，橱柜的设计不会有复杂的雕花，为了缓解单调感，增添美感，可以在橱柜的把手或门板的造型上做些改变，简洁的橱柜造型搭配精致的五金配件，让橱柜看起来更精致，这也更加符合美式风格家具的格调。

小家精心布置之处

1.橱柜的样式简单大方，白漆饰面搭配精致的复古把手，简洁利落。

2.厨房的入门处设立的吧台，可用于收纳、分隔空间，还能代替餐桌用来就餐或喝茶聊天。

黑色金属门把手
菱形造型的金属把手
提升了橱柜的品质。

小家精心布置之处
1.考究的实木橱柜彰显了古典美式风格居室
低调、华贵的格调，搭配具有醇厚质感的仿
古砖，更显古朴雅致。

<1

5 美式 ‹风格
厨房的收纳规划

功能性与美观性兼备的墙面搁板

吊柜开拓小厨房的收纳空间

收纳越简单,越高效

亮点 Bright points
橱柜中的抽屉
橱柜在设计时,设计几个可用于收纳小件工具的抽屉,是必不可少的,这样在收纳时可根据物品的使用频率分层摆放,方便查找与拿取。

亮点 Bright points
遮光帘
厨房中的窗帘推荐选择腈纶材质,此类材质宜清洗、打理,且不易产生褶皱。

亮点 Bright points
紫罗兰插花
紫罗兰寓意着永久的爱和美丽,用来装饰厨房,体现出居室主人生活积极向上的乐观态度。

搁板不仅适用于餐厅，厨房也适用，只要一块板材就能为厨房增添收纳空间，安装也十分方便。厨房安装搁板不仅性价比高，使用率也很高。在厨房的空白墙面设计几处搁板，其上可摆放经常使用的碟碗、杯子，甚至是一些花草，功能性与美观性兼备。

亮点 Bright points

食物与花艺
鲜花在美式餐桌上有着如同食物般的重要地位。

小家精心布置之处

1.拆除了厨房的实墙，厨房的光线得以延伸，空间更加开阔，质朴的选材为空间提升质感。

2.墙面收纳集结了很多物品，有厨房用具也有装饰物品，营造出美式乡村氛围。

<1

84

吊柜开拓小厨房的收纳空间

整体式实木橱柜可谓是厨房中的焦点，可以将厨房中的各类瓶瓶罐罐、盆盆碗碗等物品合理地归类摆放，为整个厨房提供了强大的收纳空间。

小家精心布置之处

1.作为厨房内的基本收纳，橱柜选择上下吊柜的形式，创造的收纳空间更多；空白墙面也被开发利用，打造了壁龛和搁板，争取了更多便捷的收纳空间。

亮点 *bright points*

壁龛
厚重的墙体没有被浪费，将其打造成壁龛，用于收纳一些五谷杂粮。

水波窗帘

布艺窗帘增添了室内
的柔和视感。

小家精心布置之处

1.白色橱柜减少了厨房的压抑感，白色压膜板光滑洁净，视感清
爽，日常擦拭打理也更轻松。

收纳越简单，越高效

厨房中的用具可谓是五花八门，大大小小种类很多，放在抽屉里拿取时很不方便，这时可以沿厨房的空白墙面设置一个置物架或是根据使用需求在墙面上安装挂钩，都是用来收纳常用小物件的小妙招。置物架的造型不宜太过复杂，简单的不锈钢结构就可以，既防锈又防潮；挂钩的数量也可以根据收纳物品的数量来定，这样既简单又高效。

亮点 *Bright points*

悬挂式收纳
充满创意的收纳方式，展现了现代居室生活的巧思。

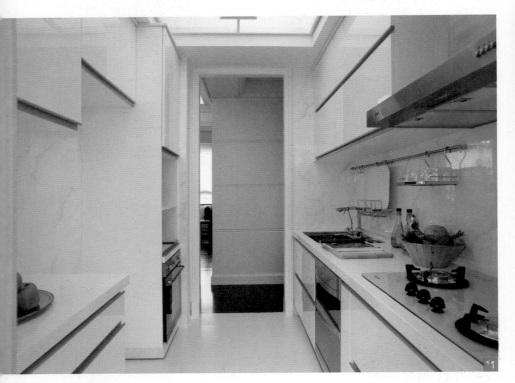

‹1

小家精心布置之处

1.墙面上悬挂的铁件可以收纳一些小件工具，方便日常拿取，视觉上利落、轻巧。

卫生间

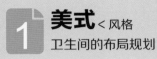

美式 < 风格
卫生间的布局规划

更改淋浴房位置，浴室空间变得更大

更改墙体结构，弱化主卧压抑感

亮点 *Bright points*
防水壁纸
墙壁装饰一改传统的石材，选用带有
防水性能的壁纸，提升美观度。

亮点 *Bright points*
防水石膏板
石膏板平整可塑性强，且容易打理，
干湿分区的卫生间内可以在干区选择
具有一定防水性能的石膏板作为装
饰，美观度比铝扣板更高。

亮点 *Bright points*
米色抛光砖
抛光的砖体给人的感觉更加洁净、通
透，用来装饰小空间非常合适。

更改淋浴房位置，浴室空间变得更大

86

挂件
墙壁搭配了小挂件，简单的陈列非常很耐看。

淋浴门
钢化玻璃搭配黑色边框，存在感更强。

小家精心布置之处

1.将淋浴区改成与坐便器、洗手台在同一直线上，让方形结构的卫生间看起来更有开阔感；横向推拉门设计也减少了门体开关的回旋空间，进一步省使用面积，提升了沐浴、如厕、洗漱等多方面生活的舒适性。

87

更改墙体结构，弱化主卧压抑感

<1

弱化小户型空间的压迫感，可以通过调整主卧与卫生间之间的墙体结构的方式，将传统墙面改造成半截矮墙，利用钢化玻璃来实现两个区域的分隔，增添空间整体的通透性，这样既可以拥有两个独立的空间，又能弱化主卧的压抑感，一举两得。为确保卫生间的私密性，可以配合浴帘使用，其收放自如，还不影响采光。

小家精心布置之处

1.用钢化玻璃作为主卧与卫生间之间的间隔，舍弃厚重的实墙，显得轻巧且具有美感。

布艺帘子

洗漱台下装饰的布艺帘，避免了上下水管的暴露。

2.材质及色彩的选择延续到洗漱区的设计上，强调了空间的整体性。

3.浴缸上方的栏杆可以用来悬挂防水浴帘，其视感轻盈，还可以防止沐浴时水溅到其他区域。

2 **美式** < 风格
卫生间的色彩搭配

浅冷色能打造出卫生间清爽、利落的视感

暖色的调和，让蓝白对比呈现柔和视感

亮点 Bright points

淡蓝色调
墙面以淡蓝色为主色，搭配白色洁
具，呈现清新的视觉效果。

亮点 Bright points

豆沙色墙面
豆沙色是一种十分温柔的颜色，与白
色搭配在一起，纯净而精美。

亮点 Bright points

白色护墙板
木质护墙板表面涂刷了白色防水漆，
使墙面上下颜色搭配更协调舒适。

香薰干花
带有香薰功能的干花，不
仅是装点卫生间时的必备
物品，也是自然系房间的
重要元素。

小家精心布置之处
1.绿色与白色的搭配，明亮而轻盈的色
调，让居室的氛围更显自然系美感。

卫生间的配色追求
的是清爽利落的视觉效
果，浅冷色是卫生间中
常用的色彩，给人干净印
象的同时，也使小面积的
空间看起来更加宽敞。
同时为体现配色层次，
洗漱用品、毛巾等小件
物品的色彩可以明艳活
泼一些，这样可带给人
愉悦、轻松的感受。

浅冷色能打造出卫生间清爽、利落的视感

亮点 *Bright points*
浴帘
用浴帘间隔干湿两
区，性价比极高。

暖色的调和，让蓝白对比呈现柔和视感

蓝色与白色的对比同样能给人带来干净、清爽、利落的视觉感受，同时可缓解大量白色洁具的冷硬感，再使用柔和的暖色进行调和，既不影响视野的开阔性，还能使小卫生间暖意倍增，清雅洁净。

亮点 Bright points

塑料凳

不太惹眼的小凳子能够保障卫生间使用的舒适度，尤其适合有老人和孩子的家庭。

小家精心布置之处

1.淋浴间采用灵活实用的浴帘代替钢化玻璃，提升了空间的使用弹性；桑拿板的运用为空间增添了不少暖意，十分符合美式风格的配色格调。

<1

2.有明窗的小浴室内选用了亚面瓷砖，装饰效果更加舒适、温暖。

<2

3 美式 ‹风格
卫生间的材料应用

艺术花砖为小浴室带来文艺复古的美感

墙面腰线可以缓解小浴室墙面的单一感

亮点 *Bright points* ·············

做旧的墙砖
墙砖的做旧效果，为自然系房间增添
了朴实无华之感。

亮点 *Bright points* ·············

陶瓷锦砖
锦砖的花色虽然丰富，但是并没有破
坏室内的自然基调。

亮点 *Bright points* ·············

水培鲜花
精美的鲜花培育在一只高挑的玻璃瓶
中，非常浪漫，让空间多了些温柔的
气息。

亮点 *Bright points* ··········

现代插花
色彩搭配明快的插花，在整个空间里显得分外温暖。

　　美式风格的浴室中，墙砖也可以考虑用带有风格特点的花砖作为装饰，简化的复古花纹与美式风格十分匹配，丰富的色彩还能弱化白色洁具的单调感与冷硬感，是一种非常能体现个性品位的装饰手法。

小家精心布置之处

1.花砖被用来装饰地面和半截墙面，对比明快，复古气息浓郁。

2.在卫生间的台面上摆放一些饰品，也是一种美化环境的好方式。

墙面腰线可以缓解小浴室墙面的单一感

墙面腰线可以丰富墙面设计层次，增添美感。腰线的表现形式多种多样，以图案花色十分精致的艺术花砖作为腰线，呈现的装饰效果丰富而华丽，多用于传统美式风格内。美式风格的装饰推崇精致、简洁、大方，腰线可以采用同等材质的墙砖或是缩小的规格，或是变换一下排列方式，简单的设计呈现别样的美感。

亮点 *Bright points*

绿植

若卫生间内没有窗户，可尽量选择对光照要求不高的绿植来装饰。

小家精心布置之处

1.墙面与顶面的衔接处设计搭配了花砖作为装饰，让衔接更自然，提升美感，让装饰材料的搭配更显丰富。

亮点 *Bright points*

壁龛

在厚厚的墙壁上打造了壁龛，可以将日常护肤品摆放在上面。

<1

镜前灯

镜前灯的样式极具复古感，敦厚的外形流
露出一份可爱。

复古花砖

花纹样式复古感强烈，弱化了墙面贴砖单
一材质的单调感。

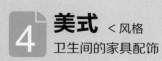

美式 ‹风格
卫生间的家具配饰

复古家具，强调古典美式韵味

纤细造型的家具，有助于空间"瘦身"

亮点 Bright points

洗面盆
荷叶作为面盆的整体装饰，清爽、自然，在整个田园系的居室内非常具有存在感。

亮点 Bright points

手绘家具
梯形造型的柜子，可以将洗漱品收纳其中，精美的手绘纹样也是自然气息满满。

亮点 Bright points

梳妆镜
梳妆镜的边框极具存在感，让简单的镜面看起来沉稳大气。

复古家具，强调古典美式韵味

亮点 *Bright points*

装饰画

既然没有地方可摆放植物，就用一幅以植物为题材的画为空间融入自然感，这种装饰手法甚是巧妙。

小家精心布置之处

1.精致的实木雕花搭配铜质把手及拉环，洗漱柜所占面积不大，但却是最能体现居室风格特点的元素之一，展现出古典美式精致、华美的格调。

纤细造型的家具，有助于空间"瘦身"

小家精心布置之处

1.钢化玻璃实现了卫生间内的干湿分区，充分利用了结构特点，让空间的使用更舒适。

2.洗手池置于人造石台面上，造型简洁大方，精致的饰品和花艺都可以摆放在上面。

　　卫生间的灯具首先要考虑的是防水性和安全性，其次才是外观。小户型卫生间灯具可以镶嵌在吊顶中，以亮白色灯光为宜，这样光线从高处射下来，在视觉上给人一种扩张感。卫生间中镜子上方可以根据使用需求安装镜前灯，美式风格的卫生间中镜前灯的款式可以选择一些造型略带复古风格的壁灯，兼备美观性与功能性。

亮点 *Bright points*
仿真蝴蝶兰
仿真花的外形很逼真，插在自己喜爱的花瓶中，美丽大方，优雅纯净。

亮点 *Bright points*
细颗粒人造石
细颗粒的人造石表面更细腻光滑，日常擦拭非常方便。

5 美式 <风格
卫生间的收纳规划

整合入门处，设置收纳柜

利用结构规划收纳，释放小空间

补充收纳，灵活性强满足小浴室更多需求

亮点 *Bright points* ┈┈┈┈┈┈┈┈┈┈┈┈
收纳篮
收纳篮放在洗手台下，可用来收纳一些待洗的衣物，也不占据空间。

亮点 *Bright points* ┈┈┈┈┈┈┈┈┈┈┈┈
壁柜
壁柜是搁板的延伸设计，强化了空间的收纳功能。

亮点 *Bright points* ┈┈┈┈┈┈┈┈┈┈┈┈
收纳搁板
搁板上方就是梳妆镜，两者搭配得非常和谐，搁板上可以根据自己的喜好摆放饰品或是收纳一些常用的护肤品。

整合入门处，设置收纳柜

亮点 bright points

收纳柜
收纳柜的位置充分利用了入门处的空间，既不影响出入，还提供了更多的收纳空间。

小家精心布置之处

1.定制的洗漱柜从入门处开始规划，大大增添了小卫生间的收纳空间；复合式收纳空间可以满足不用需求的收纳，为小空间节省更多空间。

95

利用结构规划收纳，释放小空间

为了使卫生间的面积有所扩大，通常在装修前会做一些调整，施工时可以改造一下墙面，缩减墙体占据的厚度，为小卫生间增添衣橱收纳空间，是一项非常实用的规划。

装饰壁龛
此处的壁龛比较窄，用来摆放照片很合适。

<1

亮点 Bright points

三联装饰画
水平悬挂的装饰画，有很强的视觉平衡感。

小家精心布置之处

1.卫生间入门处的墙壁上设计了壁龛，可用来摆放一些喜欢的物品；卫生间门运用了玻璃门，透光性好。

<2

亮点点评 points

布艺收纳篮
布艺篮比其他材质容易打理，不用时可以卷起来存放，颜值也更高。

96

补充收纳，灵活性强满足小浴室更多需求

在卫生间内放置一个收纳架，以分担小空间的收纳工作，将洗手液、护肤品、毛巾等经常使用的小件物品收纳其中，彻底解放洗手台台面空间，使小空间看起来更加整洁、干净；收纳架的可移动性也增加了小卫生间的使用弹性，可以根据实际使用需求随意挪动。

小家精心布置之处

1.紧凑的布局下小卫生间内竟拥有了浴缸，虽然不能做到干湿分区，也不乏舒适感。

2.一只可以移动的收纳架可以将卫生间中的一些物品收纳起来，彻底释放台面，没有杂物的卫生间看起来干净整洁。

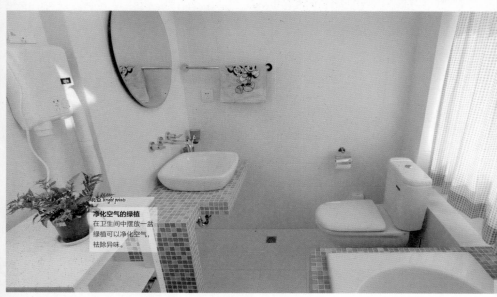

亮点 Bright points

净化空气的绿植
在卫生间中摆放一盆绿植可以净化空气，祛除异味。